Deepak Chand Sharma
Neha Khagwal

Preparação probiótica a partir de alimentos fermentados indianos

Deepak Chand Sharma
Neha Khagwal

Preparação probiótica a partir de alimentos fermentados indianos

ScienciaScripts

Imprint

Any brand names and product names mentioned in this book are subject to trademark, brand or patent protection and are trademarks or registered trademarks of their respective holders. The use of brand names, product names, common names, trade names, product descriptions etc. even without a particular marking in this work is in no way to be construed to mean that such names may be regarded as unrestricted in respect of trademark and brand protection legislation and could thus be used by anyone.

Cover image: www.ingimage.com

This book is a translation from the original published under ISBN 978-3-8484-8220-7.

Publisher:
Sciencia Scripts
is a trademark of
Dodo Books Indian Ocean Ltd. and OmniScriptum S.R.L publishing group

120 High Road, East Finchley, London, N2 9ED, United Kingdom
Str. Armeneasca 28/1, office 1, Chisinau MD-2012, Republic of Moldova, Europe
Printed at: see last page
ISBN: 978-620-7-68462-5

ÍNDICE

ABREVIATURAS

mL	Milliliter.
µL	Microliter.
g	Gram.
Mg	Milligram.
cm	Centimeter.
°C	Degree centigrade.
h	Hours.
w/v	Weight by Volume.
v/v	Volume by Volume.
%	Percentage.
g L^{-1}	Grams per Liter
+ve	Positive
-ve	Negative
OHOL	Obligately homofermentative lactobacilli
FHEL	Facultatively heterofermentative lactobacilli
OHEL	Obligately heterofermentative lactobacilli
FAO	Food and Agriculture Organization
WHO	World Health Organization
GIT	Gastrointestinal Tract
FDA	Food and Drug Administration
GRAS	Generally Regarded As Safe
EFSA	European Food Safety Agency
QPS	Presumption of Safety

INTRODUÇÃO

Os probióticos são microrganismos viáveis que, quando consumidos como géneros alimentícios ou alimentos para animais, têm potencial para melhorar a saúde e a nutrição do homem ou dos animais. Os alimentos para consumo humano que contêm estes microrganismos são designados por alimentos funcionais. A OMS/FAO classifica os probióticos como "microrganismos vivos que, quando consumidos numa quantidade adequada, conferem benefícios para a saúde do hospedeiro" (FAO/OMS, 2001). Os prebióticos são ingredientes alimentares seletivamente fermentados, não digeríveis, que permitem alterações específicas, tanto na composição como na atividade da mirobiota gastrointestinal, que conferem benefícios ao bem-estar e à saúde do hospedeiro, por exemplo, frutanos do tipo inulina, transgalacto-oligossacáridos e lactulose. As estirpes mais frequentemente utilizadas são o grupo heterogéneo de bactérias do ácido lático: lactobacilos, enterococos e bifidobactérias (Gibson, Probert, Van Loo, Rastall e Robertfroid, 2004; Gibson e Robertfroid, 1995). Os lactobacilos, em particular, são geralmente utilizados como probióticos. Este facto pode ter razões históricas, uma vez que Elie Metchnikoff propôs que os lactobacilos presentes no iogurte teriam um efeito de promoção da saúde. Além disso, o meio mais comum de administração continua a ser um produto lácteo fermentado. No entanto, outros micróbios e mesmo leveduras têm sido desenvolvidos como potenciais probióticos nos últimos anos (Teuber M, 1994).

Os benefícios potenciais e comprovados para a saúde associados à utilização de probióticos são prevenção de enterocolite e sépsis em bebés de muito baixo peso, diarreia associada a antibióticos, infeção por *Helicobacter pylori*, prevenção do cancro, prevenção de doenças cardíacas, diarreia infantil aguda comum, diarreia do viajante, síndrome do intestino irritável (SII), colite ulcerosa em adultos, artrite reumatoide, alergias (alergias nasais e alimentares, dermatite atópica) através da competição por locais de adesão, exclusão competitiva de agentes patogénicos, estimulação da secreção de muco e modulação da resposta imunitária, incluindo a atividade das células assassinas naturais (NK), fagocitose, produção de citocinas pelos linfócitos T, produção de anticorpos em resposta à vacinação.

Os microrganismos probióticos são específicos do hospedeiro; assim, uma estirpe selecionada como probiótico num animal pode não ser adequada noutro animal. Além disso, os microrganismos seleccionados para utilização probiótica devem apresentar determinadas características, como a capacidade de aderir à mucosa intestinal. Os microrganismos devem ser facilmente cultivados. Devem ser não tóxicos e não patogénicos para o hospedeiro e, além disso, exercer um efeito benéfico sobre o hospedeiro. Os microrganismos devem ser capazes de produzir enzimas úteis ou produtos finais fisiológicos que o hospedeiro possa utilizar. Devem permanecer viáveis durante muito tempo e resistir ao pH ácido do estômago (Willey *et al.*, 2008).

De acordo com um novo relatório técnico de pesquisa de mercado, o mercado de probióticos: ingredientes, suplementos, alimentos", o mercado global de ingredientes, suplementos e alimentos probióticos valia 14,9 mil milhões de dólares em 2007. Esperava-se que valesse 15,9 mil milhões de dólares em 2008 e que atingisse 19,6 mil milhões de dólares em 2013, uma taxa de crescimento anual composta (CAGR) de 4,3 por cento (www.news-medical.net/.../Global-probiotics-   market-is-expected-to-be-worth-24326-billion-by-2014.aspx).

A indústria indiana de probióticos está a evoluir a um ritmo constante, com condições para um enorme crescimento num futuro próximo. A Índia, sendo o maior produtor de leite e tendo a maior população de gado do mundo, tem uma vantagem distinta no mercado dos probióticos, juntamente com a sua economia em expansão. Atualmente, a indústria indiana de probióticos está avaliada em 2 milhões de dólares, com uma mão-cheia de intervenientes, e prevê-se que atinja cerca de 810 milhões de dólares em 2014-2016 (Singh, 2008).

O objetivo do nosso estudo incluía

1.   Recolha de amostras, isolamento e rastreio de *Lactobacillus* spp.

2.   Caracterização morfológica e bioquímica de *Lactobacillus* spp.

3.   Avaliação da eficiência de Lactobacillus caracterizados para uso potencial como probióticos.

REVISÃO DA LITERATURA

[th]O conceito de probióticos evoluiu na viragem do século XX a partir de uma hipótese proposta pela primeira vez pelo cientista russo vencedor do Prémio Nobel Elie Metchnikoff (Bibel, 1988), que sugeriu que a vida longa e saudável dos camponeses búlgaros resultava do seu consumo de produtos lácteos fermentados. Ele acreditava que o consumo de bacilos fermentadores (*Lactobacillus*) influenciava positivamente a microflora do cólon, diminuindo as actividades microbianas tóxicas (Sanders, 1999). Embora as ideias de Metchnikoff estivessem claramente relacionadas com as bactérias lácticas dos produtos lácteos, o interesse de outros cientistas depressa se voltou para as bactérias lácticas de origem intestinal. Um dos primeiros cientistas foi Henneberg em Kiel, que propôs o uso de um *Lactobacillus acidophilus* intestinal para produzir o que ele chamou de *Acidophilus-Milch,* ou iogurte de reforma (Molkerei Zeitung, 1926).

Os probióticos são microrganismos vivos que alteram a microbiota entérica e conferem um efeito benéfico na saúde de todos os grupos etários quando fornecidos em quantidades adequadas (Park *et al.,* 2002; Liu *et al.,* 2007). De acordo com o painel de peritos encomendado pela Organização das Nações Unidas para a Alimentação e a Agricultura (FAO) e pela Organização Mundial de Saúde (OMS), os probióticos são definidos como "microrganismos vivos que, quando administrados em quantidades adequadas, conferem um benefício para a saúde do hospedeiro" (FAO/OMS, 2006). Esta definição não enfatiza a natureza do hospedeiro (animal ou humano), a origem dos microrganismos (humanos ou não-humanos) ou a capacidade de aderir às superfícies do corpo. A palavra "probiótico" deriva do grego □ρο βίος (pro bios, "para a vida") e foi originalmente proposta para descrever substâncias promotoras de crescimento produzidas por um protozoário para o benefício de outro (Lilly e Stillwell, 1965).

Os probióticos estão disponíveis no mercado principalmente sob a forma de alimentos e suplementos dietéticos e são também conhecidos como "bactérias amigáveis" ou "bactérias boas". Os probióticos podem apresentar-se sob a forma de pó, líquido, gel, pasta, grânulos ou disponíveis em cápsulas, saquetas, etc. São fastidiosos por natureza e a sua sobrevivência em números elevados durante a passagem pelo trato gastrointestinal humano (TGI) é um grande desafio para a administração eficaz destas bactérias benéficas (Annan *et al.,* 2008). Os probióticos podem ser bactérias, bolores ou leveduras. Mas a maioria dos probióticos são bactérias. Entre as bactérias, as bactérias do ácido lático são mais populares. *L. plantrum, L. rhamnosus, L. lactis, L. johnsonii, L. salivarius, L. acidophilus, L. bulgaricus, L. casei, L. helviticus, L. reuteri, L. fermentum, L. delbrueckii, Bifidobacterium bifidum, B. breve, B. longum, Enterococcus faecium, Enterococcus faecalis, Streptococcus thermophilus e Saccharomyces boulardii* são probióticos bacterianos comummente utilizados. Um alimento ou suplemento probiótico pode conter uma única estirpe bacteriana ou também um consórcio.

2.1. Propriedades exigidas às estirpes bacterianas a utilizar em preparações probióticas 2.1.1. Segurança

A segurança das estirpes seleccionadas deve constituir uma consideração primordial. De acordo com a consulta conjunta de peritos da FAO/OMS sobre a avaliação das propriedades nutricionais e de saúde dos probióticos nos alimentos, as estirpes não devem possuir características patogénicas ou de virulência; não devem ser capazes de transferir a resistência aos medicamentos para o agente patogénico e não devem tornar-se passivamente uma fonte de resistência aos antibióticos (FAO/OMS, 2006).

2.1.2. A capacidade de exercer interferência microbiana

2.1.2.1. Produção de substâncias anti-microbianas

Um dos mecanismos mais importantes através dos quais as bactérias exercem os seus efeitos sobre os agentes patogénicos que invadem o corpo humano é a produção de uma série de compostos com fortes propriedades antimicrobianas. Durante a fermentação, as bactérias do ácido lático produzem uma gama de ácidos gordos de cadeia curta, como os ácidos lático, acético, butírico e propiónico, que reduzem o pH do lúmen intestinal e têm também efeitos inibidores de largo espetro contra bactérias gram-positivas e gram-negativas e alguns vírus. Sabe-se que o peróxido de hidrogénio produzido pelas bactérias do ácido lático tem um efeito inibidor sobre uma série de microrganismos (Gobarch *et al.*, 1990, Naidu *et al.*, 1999).

2.1.2.2. Exclusão competitiva do agente patogénico

A capacidade de competir por espaço e por nutrientes constitui o segundo grupo de mecanismos através dos quais podem antagonizar a microflora patogénica no organismo. A exclusão competitiva e a competição por nutrientes ocorrem simultaneamente com a produção de compostos antimicrobianos (Fuller *et al.,* 1991, Naidu *et al.*, 1999).

2.1.3. Colonização do trato intestinal humano

2.1.3.1. Resistência ao ácido e à bílis

Para que a colonização do trato gastrointestinal seja bem sucedida, é essencial que as bactérias sejam resistentes aos sucos gástricos para sobreviverem à passagem pelas condições adversas do estômago e também para serem resistentes às fortes propriedades antibacterianas da bílis (FAO/OMS, 2006; Naidu *et al.*, 1999).

2.1.3.2. Capacidade de aderir a vários tipos de células da mucosa

Não é claro se a capacidade das bactérias probióticas para aderir às células da mucosa intestinal e, assim, evitar/prevenir a sua rápida remoção por contração do intestino, é essencial para um efeito ótimo. Deve mencionar-se que os micróbios transitórios, como as estirpes lácteas presentes no iogurte, podem induzir efeitos benéficos a curto prazo, como a redução do pH e a produção de ácidos orgânicos, sem poderem residir no intestino (Koop-Hoolihan, 2001). As estirpes probióticas destinadas a serem utilizadas na terapia urogenital devem ter a capacidade de aderir às células vaginais e uroepiteliais e, assim, ser capazes de interferir com a adesão de agentes patogénicos vaginais e recolonizar a vagina (Reid *et al.*, 1995).

2.1.3.3. Capacidade de modular o sistema imunitário humano

Recentemente, tem sido dada uma atenção crescente aos efeitos dos probióticos no sistema imunitário da mucosa e no tecido linfoide associado à mucosa. Como a mucosa intestinal é o principal habitat destas bactérias, elas estão em contacto íntimo com o tecido linfoide associado ao intestino (GALT) (Brandtzaeg *et al.*, 1998; Erickson *et al.*, 2000). O GALT constitui o maior tecido linfoide do corpo humano e, por conseguinte, as bactérias probióticas que ocorrem naturalmente desempenham um papel fundamental no funcionamento do sistema imunitário da mucosa. Mais recentemente, foi demonstrado que estirpes probióticas específicas podem influenciar a secreção de citocinas para ajudar a direcionar as células T auxiliares ingénuas para uma resposta imunitária mediada por células, dominante em Th1, ou para uma resposta imunitária humoral, dominante em Th2 (Isolauri *et al.*, 2001).

2.1.3.4. Produção de β-galactosidase

A incapacidade de digerir a lactose é um problema que afecta até 75% da população adulta mundial (Miller *et al.*, 2000). Para evitar os sintomas desagradáveis da perturbação intestinal, os indivíduos afectados, com níveis demasiado baixos da enzima β-galactosidase necessária para a degradação da lactose, restringem normalmente a ingestão de produtos lácteos. Este facto pode levar ao desenvolvimento de deficiências nutricionais, predominantemente de cálcio (Koop-Hoolihan, 2001). Uma vez que as bactérias do ácido lático são os produtores eficientes de β-galactosidase, é frequentemente uma questão de um número suficiente de bactérias presentes no trato digestivo para produzir a enzima. A administração de bactérias probióticas deve prevenir ou, pelo menos, atenuar os sintomas de intolerância à lactose (Jiang *et al.*, 1996).

2.1.3.5. A capacidade de reduzir o colesterol sérico

Uma vez que se está a acumular um conjunto substancial de provas relacionadas com os efeitos benéficos das bactérias probióticas sobre os lípidos do colesterol. A estirpe a ser utilizada comercialmente deve ser capaz de assimilar o colesterol, desconjugar os sais biliares, reduzir o depósito de colesterol em placas e inibir a formação de lipoproteínas de baixa densidade. A diminuição do nível de β-hidroxi-β-metilglutaril-CoA redutase no fígado observada com o consumo de probióticos é considerada uma diminuição do nível de síntese de colesterol e um possível modo de ação do probiótico (Teitelbaum *et al.*, 2002).

2.2. Papel dos probióticos na saúde humana

O corpo humano é um bom nicho ecológico para diferentes tipos de micróbios, muitos dos quais são benéficos para o hospedeiro ou comensais, tomando o sistema corporal como abrigo para a sua sobrevivência. A interação entre estes dois organismos vivos diversos constitui um excelente cenário ecológico. Cada grupo de micróbios tem um papel específico e um local de colonização, construindo uma química fiel entre os micróbios e os sistemas corporais hospedeiros. As bactérias do ácido lático (LAB) são também um colonizador bem conhecido em diferentes partes do nosso sistema corporal, como a cavidade bucal, o intestino, os órgãos secretores como a mama, o trato urogenital, etc. A coexistência de micróbios no corpo é essencial, uma vez que estes desempenham um papel crucial

Os micróbios desempenham um papel importante no desenvolvimento anatómico, fisiológico e imunológico do hospedeiro. Por conseguinte, é necessária uma seleção entre micróbios benéficos e prejudiciais e este papel vital é exclusivamente controlado pelo sistema imunitário bem organizado do hospedeiro. Para manter e melhorar o equilíbrio entre micróbios benéficos e prejudiciais no nosso sistema corporal, desenvolveu-se nos últimos anos uma nova ideia de aplicação microbiana que é a terapia probiótica, ou seja, a aplicação terapêutica de microrganismos potencialmente benéficos. Vários cientistas relataram os aspectos benéficos multifacetados dos probióticos consumidos por via oral, como os efeitos imunomoduladores, os efeitos hipocolesterolémicos, as propriedades anti-hipertensivas, o alívio dos sintomas pós-menopáusicos, os efeitos antialérgicos e as actividades de proteção contra o enfisema pulmonar dos probióticos consumidos por via oral.

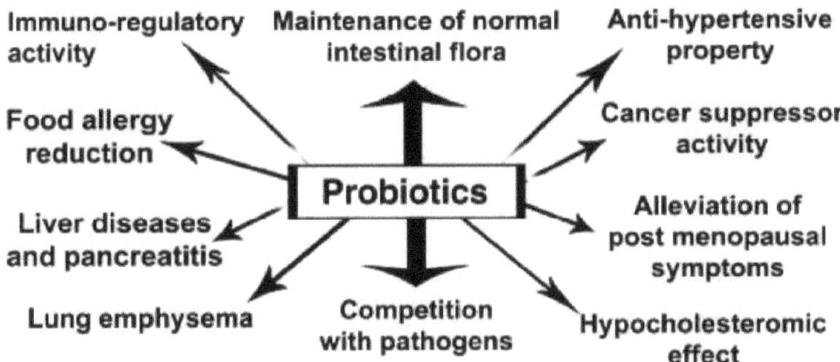

Figura 2.1. Apresentação esquemática dos benefícios propostos para a utilização de probióticos (Mandal *et al.*, 2011).

2.2.2. Alívio da diarreia

A diarreia, definida como o aumento da liquidez ou a diminuição da consistência das fezes, geralmente associada a um aumento da frequência das fezes e do peso fecal (Vrese e Marteau, 2007), é uma das principais causas de morbilidade entre as crianças pequenas nos países em desenvolvimento. Os microrganismos responsáveis pela maioria das infecções são transmitidos principalmente por via fecal-oral através da água e dos alimentos (Farthing e Kelly, 2007). Nos últimos anos, tem havido um interesse crescente na utilização de probióticos para a prevenção e tratamento da diarreia, como a diarreia aguda, a diarreia associada a antibióticos (DAA) e a diarreia induzida por radiação (DRI). Os probióticos conferem benefícios para a saúde principalmente através da promoção da proliferação da microflora indígena gastrointestinal benéfica (Lye *et al.*, 2009).

Os probióticos apresentam actividades antibacterianas através de vários mecanismos, nomeadamente a produção de substâncias inibidoras, a inibição da adesão dos agentes patogénicos às superfícies e a produção de sideróforos. As substâncias inibidoras, como o peróxido de hidrogénio, as bacteriocinas e os SCFAs (ácidos lático e acético) produzidos por *Lactobacillus* spp., *Bifidobacterium* spp., *Enterococcus* spp., *E. coli*, *Leuconostoc* spp., *Pediococcus* spp., *S. cerevisiae* e *Streptococcus* spp. (Voravuthikunchai *et al*, 2006) são eficazes na inibição do crescimento de agentes patogénicos alimentares, estimulando assim o aumento da utilização de bacteriocinas como conservantes alimentares, tais como a enterocina AS-48 em molhos vegetais, a sakacina em salsichas de carne e a nisina em queijo e ovos inteiros líquidos (Galvez *et al.*, 2007).

Tabela 2.1. Probióticos e infeção

Estado	Conclusões
Enterocolite e sépsis em bebés com muito baixo peso à nascença	*L. acidophilis* reduziu a incidência de enterocolite necrosante, sépsis e morte.
Associado a antibióticos Diarreia	Foi demonstrado que alguns lactobacilos reduzem o risco de desenvolver diarreia em bebés e crianças.
Infeção por *Helicobacter pylori*	Embora não tenha havido um efeito significativo na erradicação da //. *yylori*, a gravidade e a frequência dos sintomas gerais foram reduzidas.
Condição aguda Diarreia infantil	Foi relatado que a suplementação com probióticos reduziu a duração da diarreia não causada por rotavírus. *L. casei*, *L. acidophilus*, *L. hebveticus* e *S. thermophilus* reduziram a incidência de diarreia em crianças saudáveis.
Diarreia dos viajantes	Foi observado um efeito maioritariamente benéfico relativamente à incidência, risco e frequência da diarreia.

2.2.3. Actividades antibacterianas

As bacteriocinas produzidas pelas BAL são geralmente proteínas pequenas, heterogéneas e catiónicas, constituídas por 30-60 resíduos de aminoácidos (Lima *et al.*, 2007). Estão divididas em três classes: classe I (bacteriocinas ou lantibióticos), classe II (nãolantibióticos) e classe III (bacteriocinas de grandes proteínas). A maioria das bacteriocinas actua criando poros na membrana das suas células-alvo que causam a dissipação da força motriz dos protões, a depleção de ATP e a fuga de nutrientes que, subsequentemente, conduzem a danos ou morte celular. As bacteriocinas apresentam um amplo espetro de ação contra numerosos géneros de bactérias patogénicas e não patogénicas.

A competência dos probióticos contra os agentes patogénicos depende da ação combinada de bacteriocinas e de substâncias antimicrobianas, como o peróxido de hidrogénio, os ácidos orgânicos e os bacteriófagos. Hutt *et al.,* (2006) avaliaram a atividade antimicrobiana de cinco lactobacilos (*L. rhamnosus* GG, *L. fermentum* ME-3, *L. acidophilus* La5, *L. plantarum* 299v, e *L. paracasei* 8700:2) e duas bifidobactérias (*B. lactis* Bb12 e *B. longum* 46) contra seis agentes patogénicos alvo utilizando diferentes ensaios. *L. rhamnosus* GG e ambas as bifidobactérias suprimiram o crescimento de *E. coli.* As estirpes de *Lactobacillus* 8700:2, 299v e ME-3 reduziram o crescimento de *Salmonella enterica* sub sp. *enterica* em ensaios microaeróbios.

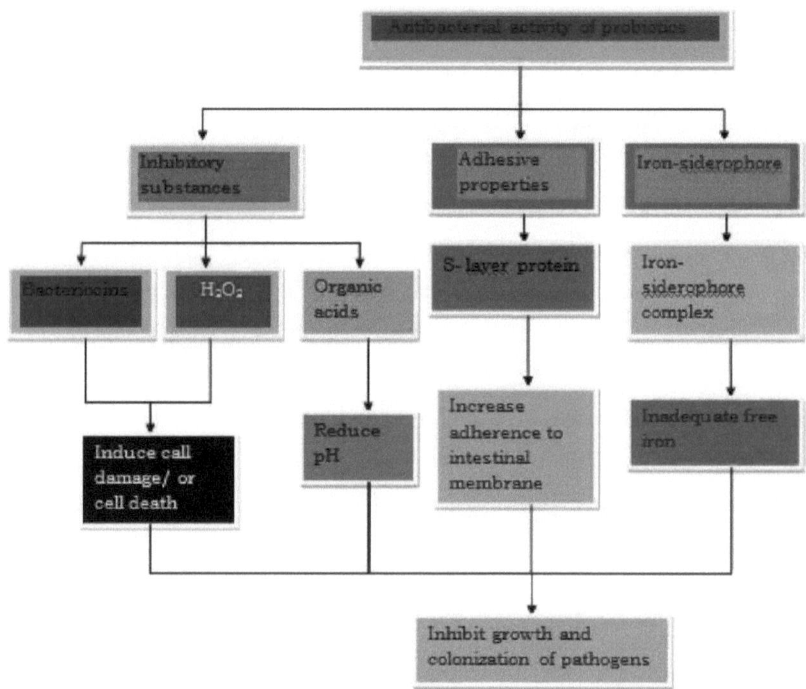

Figure 2.2. Summary of antibacterial activities of probiotics (Fung *et al.*, 2011).

2.2.4. Anti-cancro colorrectal

Cerca de 80% do sistema imunitário do corpo está localizado no trato gastrointestinal, pelo que a saúde geral do ser humano é fortemente influenciada pela saúde intestinal, que pode ser atenuada pelos probióticos. Foram estabelecidos os potenciais efeitos protectores dos probióticos contra o cancro, com maior evidência no cancro do cólon. O cancro colorrectal é a terceira principal causa de mortalidade por cancro nos Estados Unidos (American Cancer Society 2008). Algumas estirpes de bactérias (*Strep. bovis*, Bacteroides e Clostridia) foram implicadas na patogénese do cancro do cólon, enquanto outras (*L. acidophilus* e *B. longum*) demonstraram efeitos protectores (Ewaschuk *et al.*, 2006).

Os probióticos suprimem as bactérias intestinais putrefativas com atividade enzimática deletéria que produzem substâncias carcinogénicas a partir de componentes da dieta e convertem procarcinogénicos em carcinogénicos (Rafter *et al.*, 2007). A suplementação com um simbiótico constituído por inulina enriquecida com oligofrutose prebiótica e probióticos

(*L. rhamnosus* GG e *B. lactis* Bb12) aumentou as contagens fecais de *Lactobacillus* e *Bifidobacterium*, reduziu as contagens de *Clostridium perfringens* e reduziu a necrose e os danos no ADN das células do cólon, em doentes polipectomizados e com cancro do cólon. A intervenção com simbióticos produziu alterações significativamente favoráveis nos biomarcadores do cancro colorrectal, incluindo uma melhor composição do ecossistema bacteriano do cólon, uma menor exposição do epitélio a citotoxinas e genotoxinas e uma melhor estrutura da mucosa.

A propriedade anticancerígena dos probióticos pode manifestar-se através da alteração das actividades metabólicas da microflora intestinal. O aumento da população de BAL diminuiu as enzimas bacterianas implicadas na síntese e ativação de carcinogéneos, promotores de tumores e genotoxinas (Burns e Rowland 2000) administradas durante 6 semanas em 14 doentes com cancro do cólon, resultando numa diminuição de 14% da β-glucuronidase, no aumento da contagem de lactobacilos e na diminuição da contagem de *E. coli*. A alteração da atividade enzimática e da concentração de metabolitos diminuiu as lesões pré-neoplásicas, como os focos de criptas aberrantes (ACF) e os tumores em ratos tratados com carcinogéneos (Burns e Rowland 2000). A administração de B. *longum* (4 _ 108 células viáveis/g de dieta) diminuiu em 26% os pequenos FCA induzidos pelo carcinogéneo do cólon (azoximetano) em ratos. Os probióticos estimulam igualmente a enzima protetora - glutationa transferase (GSH) - que inativa os carcinogéneos de origem alimentar, como as aminas heterocíclicas e os hidrocarbonetos aromáticos policíclicos.

2.2.5. Manutenção do intestino no pós-operatório

Várias complicações pós-operatórias, como bacteremia, infecções e recorrência de doenças, são atribuídas ao crescimento excessivo e translocação de bactérias, perda da integridade do epitélio intestinal e comprometimento da defesa imunológica em pacientes após cirurgias intestinais. Os probióticos têm sido apontados como potenciais candidatos no combate a estas complicações pós-operatórias através da inibição do crescimento de agentes patogénicos e da modulação do sistema imunitário.

Os doentes submetidos a outras cirurgias intestinais, como a cirurgia do cancro biliar e a pancreaticoduodenectomia, sofrem frequentemente de infecções pós-operatórias (Pitsouni *et al.,* 2009). Os probióticos viáveis e os galacto-oligossacáridos podem conseguir uma redução significativa das complicações infecciosas após a hepatectomia de alto risco, melhorando o desequilíbrio microbiano intestinal induzido pelo stress cirúrgico, diminuindo assim a taxa de infeção pós-operatória. A ressecção do pâncreas tem taxas de infeção pós-operatória relativamente elevadas causadas por bactérias intestinais, especialmente *Enterococci* e *Escherichia coli*, e demonstrou que a intervenção de probióticos com fibras diminuiu significativamente a incidência de infecções bacterianas nosocomiais pós-operatórias em doentes submetidos a ressecção do pâncreas.

2.2.6. Efeitos imunomoduladores

Alega-se que as bactérias probióticas têm uma atividade imunomoduladora no organismo do hospedeiro. Elas exercem este efeito quer pela estimulação quer pela alteração da resposta imunitária normal contra os antigénios. Em geral, as bactérias probióticas exercem a sua atividade imunomoduladora de duas formas: imunomodulação inespecífica e imunomodulação específica. A resposta imune inespecífica constitui a primeira linha de defesa do hospedeiro. A linha celular da imunidade inespecífica é composta por células fagocíticas mononucleares (monócitos, macrófagos), linfócitos polimorfonucleares (PML) (principalmente neutrófilos) e células natural killer (NK). Verificou-se que a introdução oral de *Lactobacillus casei* e *Lactobacillus bulgaricus* aumenta a resistência não específica do hospedeiro aos agentes patogénicos microbianos, facilitando assim a exclusão de agentes patogénicos no intestino. Foi demonstrado que várias estirpes de BAL vivas induzem a libertação in vitro de citocinas pró-inflamatórias, fator de necrose tumoral a e interleucina 6, e também activam a produção de macrófagos e a fagocitose em ratos, reflectindo a estimulação da imunidade inespecífica (Perdigon *et al.*, 1986). *O* aumento da fagocitose foi também registado em humanos pelo *Lactobacillus acidophilus*. A fagocitose é responsável pela ativação precoce da resposta inflamatória antes da produção de anticorpos. Assim, a terapia probiótica pode ser útil na prevenção da geração de mediadores inflamatórios e na estabilização do ambiente microbiano intestinal. É notável que os produtos lácteos fermentados expressem uma melhor estimulação do sistema imunitário inespecífico do que os não fermentados, provavelmente devido aos péptidos imuno-activos formados durante a fermentação a partir das proteínas do leite (Fiat *et al.*, 1993). Por outro lado, a atividade imunomoduladora específica das bactérias probióticas é conseguida através da modulação das respostas imunitárias do hospedeiro em relação a antigénios nocivos. Foi demonstrado que a introdução oral de *Bifidobacterium bifidum* aumenta a resposta dos anticorpos à ovalbumina e que *a Bifidobacterium breve* estimula a resposta da IgA à toxina da cólera em ratos.

Quadro 2.2. Função imunitária dos probióticos

Função	Descrição	Conclusões
Fagocitose	O processo pelo qual as células fagocíticas (por exemplo, neutrófilos e monócitos) engolfam células estranhas e detritos; isto pode levar à apresentação de antigénios na superfície dos fagócitos e facilitar uma resposta imunitária mediada por células.	*S. rhamnosus* e *L. coryniformis* melhorado, outros probióticos mostraram resultados mistos.
Atividade das células Natural Killer (NK)	As células NK estão envolvidas na morte de células infectadas ou tumorais, causando apoptose ou necrose.	*O. oSumnosus* e *L. lactis* aumentaram a atividade NK.
Produção de citocinas por células T Linfócitos	As citocinas, como o Inteferon, o Fator de Necrose Tumoral alfa, as Interleucinas, etc., modulam a função de vários tipos de células.	Os probióticos parecem ter muito pouco efeito na maioria das citocinas medidas.
Produção de anticorpos em	Os anticorpos são utilizados pelo sistema imunitário para identificar e neutralizar substâncias estranhas.	As respostas dos anticorpos têm
resposta à vacinação	objectos, tais como bactérias e vírus.	foi aumentada pelos probióticos nalguns estudos, mas não em todos.

2.2.6.1. Mecanismo da atividade imunoestimuladora dos probióticos

Os mecanismos detalhados através dos quais as BAL afectam o sistema imunitário e produzem efeitos imunoestimulantes são ainda desconhecidos. Provavelmente, as BAL ou os seus produtos são absorvidos pelas células M e transportados para os folículos linfáticos mais profundos, onde são controlados por células imunocompetentes. As BAL entram no organismo possivelmente através de vias não específicas mediadas por mecanismos receptores. As interacções das BAL e dos seus produtos com células imunocompetentes, como os macrófagos e as células T, podem levar à produção de citocinas que têm um efeito múltiplo nas células imunitárias e não imunitárias. As bactérias probióticas não patogénicas entram em contacto com as células epiteliais e com as células imunitárias nas placas de Peyer do intestino, com as células imunitárias associadas, como os monócitos/macrófagos e as células dendríticas, e iniciam então a resposta imunitária inata contra estes estímulos antigénicos.

A microflora indígena do tecido linfoide associado ao intestino (GALT) ajuda na exclusão imunitária e protege o hospedeiro da adesão de agentes patogénicos através da competição por substratos e locais de adesão. Estas bactérias produzem substâncias antibacterianas e estimulam a produção de anticorpos específicos. Verificou-se que a aplicação de algumas estirpes probióticas, em particular as estirpes LAB, produzia uma maior atividade dos macrófagos peritoneais e pulmonares e dos leucócitos sanguíneos; e um aumento da secreção de enzimas lisossomais, um aumento da produção de oxigénio reativo, radicais de azoto e monocinas de células fagocíticas. Por conseguinte, a ingestão de bactérias probióticas pode estabilizar a barreira imunológica da mucosa intestinal, reduzindo a produção do fator de necrose tumoral α pró-inflamatório local e reforçando a produção sistémica de interferão γ com efeitos fisiológicos protectores no intestino.

Os efeitos imunomoduladores das BAL probióticas dependem de alguns factores, como a capacidade das BAL para influenciar o sistema imunitário, que difere muito de estirpe para estirpe, depende da dose, depende do meio de ingestão do probiótico e também depende do estado do organismo probiótico.

2.2.7. Efeitos hipocolesterolémicos dos probióticos

O colesterol, o esterol mais abundante nos tecidos animais, está presente nas membranas plasmáticas e nas lipoproteínas do plasma sanguíneo, deposita-se frequentemente na parede interna dos vasos sanguíneos juntamente com outros lípidos, levando à oclusão dos vasos sanguíneos, uma condição conhecida como aterosclerose, no coração e no cérebro, resultando em ataques cardíacos e acidentes vasculares cerebrais, respetivamente. Cerca de 100 g de colesterol estão presentes no corpo humano. O teor total de colesterol no sangue humano é a soma do colesterol das lipoproteínas de alta densidade (HDL), do colesterol das lipoproteínas de baixa densidade (LDL) e de 20% do valor dos triglicéridos. Destas fracções, o principal culpado parece ser o nível de LDL, que excede as necessidades do organismo e acelera a arteriosclerose ao acumular colesterol nos vasos sanguíneos. A doença cardíaca coronária (DCC) é uma das principais causas de morte e incapacidade nos países industrializados. O desenvolvimento da aterosclerose está fortemente correlacionado com o nível de colesterol plasmático. As actuais estratégias dietéticas para a prevenção da CHD implicam a adesão a uma dieta pobre em gorduras saturadas. Foram avaliadas novas abordagens para a identificação de outros meios dietéticos para reduzir os níveis de colesterol no sangue. Estas incluem a utilização de fibras solúveis, proteína de soja, esteróis vegetais, bactérias probióticas e compostos prebióticos. Para que as bactérias probióticas exerçam um efeito hipocolesterolémico, a estirpe tem de colonizar o intestino. Esta capacidade de sobrevivência é seriamente posta em causa por vários parâmetros do trato gastrointestinal, tais como variações de pH, baixos níveis de oxigénio, limitação de nutrientes e osmolaridade e sais biliares elevados.

2.2.7.1. Mecanismos de ação

Com base nos resultados dos estudos probióticos, foram explicadas quatro hipóteses para provar o efeito hipocolesterolémico dos microrganismos probióticos: em primeiro lugar, assimilação ou ligação do colesterol às estirpes probióticas; em segundo lugar, maior desconjugação dos sais biliares; em terceiro lugar, coprecipitação do colesterol com sais biliares livres e, em quarto lugar, ligação do colesterol aos prebióticos e subsequente libertação do corpo do hospedeiro.

A primeira hipótese é a assimilação do colesterol pelas estirpes probióticas. As evidências existentes de estudos em humanos e animais sugerem que uma ação moderada de redução do colesterol de algumas estirpes probióticas se deve à capacidade de algumas estirpes assimilarem o colesterol. Alguns probióticos podem também produzir exopolissacáridos (EPS) que aderem à superfície celular e podem absorver o colesterol. O segundo mecanismo hipocolesterolémico postula a desconjugação enzimática dos ácidos biliares por certos probióticos. O colesterol é a molécula precursora da síntese dos sais biliares in vivo e é sintetizado nos hepatócitos pericentrais do fígado. Os sais biliares têm alguma toxicidade antimicrobiana. Para desintoxicar esses compostos antimicrobianos, estes micróbios desenvolveram um mecanismo de desintoxicação através da produção de hidrolases de sais biliares (BSH; coliglicina hidrolase; EC 3.5.1.24). A BSH microbiana catalisa a hidrólise (desconjugação) de sais biliares conjugados com glicina e/ou taurina em resíduos de aminoácidos e ácidos biliares livres (De Smet *et al.*, 1995; Ridlon *et al.*, 2006). Os ácidos biliares livres são menos solúveis e não existe um transportador para os sais biliares livres, pelo que são reabsorvidos de forma menos eficaz no intestino do que os sais biliares conjugados, sendo assim mais susceptíveis de serem excretados nas fezes. Este facto aumenta a necessidade de síntese de novos ácidos biliares para substituir os perdidos. Para compensar este nível de sais biliares e também para satisfazer outras necessidades, o fígado sintetiza aproximadamente 1.500-2.000 mg de colesterol novo por dia. Por conseguinte, as bactérias GRAS que têm uma elevada tolerância aos sais biliares através da desconjugação de sais biliares conjugados ajudam a utilizar mais colesterol para a síntese de sais biliares no intestino colonizado e ajudam a minimizar o problema associado ao colesterol. Em terceiro lugar, a coprecipitação do colesterol com sais biliares livres. Em quarto lugar, para obter o melhor efeito do suplemento probiótico adicionado, um mecanismo importante é estimular o crescimento desse organismo por nutrientes selectivos que são conhecidos como "prebióticos".

2.2.8. Propriedades anti-hipertensivas dos probióticos

A hipertensão ou pressão arterial elevada é uma doença crónica em que a pressão arterial sistémica está elevada e é a causa mais importante de morte e incapacidade no mundo. É a doença evitável mais prevalente que afecta 2050% da população adulta dos países desenvolvidos e prevê-se que, em 2025, quase três quartos da população mundial dos países em desenvolvimento sofram de hipertensão. Ensaios aleatórios controlados demonstraram que o tratamento da hipertensão reduz o risco de acidente vascular cerebral, doença coronária, insuficiência cardíaca congestiva e mortalidade. Estudos realizados em ratos espontaneamente hipertensos e um estudo clínico em seres humanos fornecem provas de que os péptidos bioactivos, nomeadamente as casokininas e a lactoquinina, são uma substância ativa. casokinins e lactokinins e dois tripeptídeos, valina-prolina-prolina e isoleucina-prolina-prolina resultantes da ação proteolítica de bactérias probióticas sobre a caseína (as2-caseína, κ-caseína e β-caseína) e o soro de leite durante a fermentação por *Saccharomyces cerevisiae* e *Lactobacillus helveticus* podem suprimir a pressão arterial de indivíduos hipertensos. Estes tripeptídeos funcionam como inibidores da enzima de conversão da angiotensina I (ECA) e reduzem a tensão arterial. A suplementação com prebióticos aumentou o efeito anti-hipertensivo in vitro e a produção de agliconas bioactivas no leite de soja fermentado com probióticos, que poderia ser potencialmente utilizado como terapia dietética para reduzir os riscos de hipertensão.

2.2.9. Alívio dos sintomas pós-menopáusicos

A menopausa ocorre quando os ovários deixam de funcionar, o que resulta no fim da libertação de óvulos e na consequente ausência de menstruação. Ocorre normalmente em mulheres na meia-idade, durante os 40 ou 50 anos, e assinala o fim da fase fértil da vida de uma mulher. Nesta fase, muitas mulheres sofrem alterações físicas visíveis e clinicamente observáveis; a mais conhecida é o "afrontamento", um aumento súbito e temporário da temperatura corporal. Os sintomas físicos da pós-menopausa podem incluir afrontamentos, batimentos cardíacos acelerados, corrimento aquoso, frequência urinária, maior suscetibilidade a inflamações e infecções, candidíase vaginal e infecções do trato urinário (ITU), diminuição da sensibilidade mamária e da elasticidade da pele. Os sintomas psicológicos incluem depressão, ansiedade, fadiga, perda de memória, perturbações do humor e do sono, e insónia.

A levedura *Candida albicans,* um habitante comensal da boca, dos tractos genital e intestinal, em determinadas condições, tais como pH baixo, respostas imunitárias deficientes, supressão da microflora normal por antibióticos ou devido a alterações hormonais associadas ao ciclo menstrual, contraceptivos orais e gravidez, sofre alterações genéticas e fisiológicas dramáticas e provoca candidíases oportunistas que infectam a vagina (aftas vaginais), a boca (aftas orais) ou o trato intestinal. Existem provas de que as bactérias probióticas tomadas profilaticamente ou após a infeção podem ajudar a reduzir a candidíase e a tratar as aftas recorrentes. Acredita-se que os probióticos protegem o hospedeiro contra infecções através de vários mecanismos, tais como (1) a estabilização do pH baixo e a produção de substâncias antimicrobianas como ácidos, peróxido de hidrogénio e bacteriocinas, (2) a adesão firme à superfície epitelial do trato urinário, (3) a degradação de poliaminas, e (4) a produção de surfactantes, que têm propriedades anti-adesivas contra a adesão de agentes patogénicos (Reid *et al.,* 1995).

Os lactobacilos probióticos administrados por via oral podem também atuar através da imunoestimulação ou da inibição da translocação bacteriana. Também modulam a imunidade do hospedeiro diminuindo os níveis de IL-1 e IL-8 que estão elevados durante a vaginose bacteriana (VB). Os probióticos também levam à produção de moléculas de sinalização celular que regulam negativamente a molécula do agente patogénico que sinaliza a produção de muco, que actua como uma barreira à produção de citocinas anti-inflamatórias. Foi também demonstrado que os lactobacilos produzem biossurfactantes e proteínas de ligação ao colagénio que inibem a adesão dos agentes patogénicos e os deslocam. Assim, a ingestão diária de probióticos cientificamente seleccionados proporcionaria meios naturais, seguros e eficazes de regular a flora vaginal flutuante, reduzindo assim o risco de infeção em mulheres saudáveis e doentes e aliviando, deste modo, esses problemas.

2.2.10.Efeitos antialérgicos dos probióticos

A alergia é uma perturbação hipersensível do sistema imunitário e é uma das quatro formas de hipersensibilidade, estando agrupada na hipersensibilidade de tipo I (ou imediata). As reacções alérgicas são esperadas, adquiridas, rápidas e ocorrem em resposta a substâncias ambientais normalmente inofensivas, conhecidas como alergénios. Caracterizam-se por uma ativação excessiva de determinados glóbulos brancos, denominados mastócitos e basófilos, por um tipo de anticorpo conhecido como imunoglobulina E (IgE), resultando numa resposta inflamatória extrema. Algumas reacções alérgicas comuns incluem asma, eczema, febre dos fenos, urticária, alergias alimentares, conjuntivite alérgica, comichão e corrimento nasal e reacções ao veneno de insectos que picam. Os mecanismos exactos subjacentes aos efeitos favoráveis dos probióticos na alergia não são totalmente conhecidos, mas espera-se que possam exercer um efeito benéfico através da melhoria da função de barreira da mucosa e da estimulação microbiana do sistema imunitário (MacFarlane e Cummings 2002). Para além da modulação do microbiota intestinal, observou-se que os probióticos melhoram a função de barreira da mucosa intestinal, reduzindo assim a fuga de antigénios através da mucosa e, consequentemente, a exposição aos mesmos. A modulação direta do sistema imunitário pelos probióticos é mediada pela indução de citocinas anti-inflamatórias ou pelo aumento da produção de IgA secretora. A IgA secretora contribui para a exclusão de antigénios da mucosa intestinal (Kalliomaki e Isolauri 2004). Além disso, os probióticos ajudam na degradação enzimática dos antigénios da dieta, reduzindo assim a carga e a exposição aos antigénios.

2.2.11. Proteção contra o enfisema pulmonar

O enfisema provoca falta de ar e é uma doença progressiva dos pulmões a longo prazo. Nas pessoas com enfisema, os tecidos necessários para suportar a forma física e a função dos pulmões são destruídos. Faz parte de um grupo de doenças denominado doença pulmonar obstrutiva crónica (DPOC). A profilaxia com probióticos *L. acidophilus* NCFM e *Bifidobacterium animalis* subsp. *lactis* Bi-07, duas vezes por dia, contra sintomas de constipação e de gripe em crianças (3-5 anos) durante 6 meses, resultou numa menor incidência de febre, tosse e rinorreia em comparação com o grupo placebo (de Vrese *et al.*, 2005; Leyer *et al.*, 2009). Os investigadores também descobriram que a utilização diária de probióticos não só diminuiu as infecções por pneumonia associadas à ventilação mecânica em cerca de 50% em comparação com o placebo, como também reduziu a quantidade de antibióticos necessários em comparação com os doentes tratados com placebo.

2.2.12. Probióticos para aplicações dérmicas

A pele é capaz de atuar como uma barreira física que exerce várias funções, tais como a homeostase dos fluidos, a termorregulação, as respostas imunitárias, as funções neurossensoriais, as funções metabólicas e a proteção primária contra infecções. A microflora da pele desempenha um papel significativo na exclusão competitiva de agentes patogénicos que são agressivos e provocam infecções na pele e no processamento de proteínas da pele, ácidos gordos livres (AGL) e sebo. Os microrganismos podem também ter um papel na dermatite atópica (DA), eczema, rosácea, psoríase e acne. Os microrganismos probióticos utilizam diferentes mecanismos, como a redução do pH, para preservar a saúde da pele e inibir o crescimento de agentes patogénicos. O ambiente ácido da pele é, de facto, muito importante, uma vez que desencoraja a colonização bacteriana e proporciona uma barreira à humidade através da absorção de humidade pelos aminoácidos, sais e outras substâncias do manto ácido. Uma propriedade interessante dos probióticos é o metabolismo fermentativo que envolve a produção de moléculas ácidas (ou seja, ácido lático), acidificando assim o ambiente circundante (Krutmann 2009). A potencial utilização tópica de estirpes probióticas capazes de produzir toxinas antimicrobianas potentes (ou seja, bacteriocinas, substâncias semelhantes a bacteriocinas, ácidos orgânicos e H_2O_2) tem recebido cada vez mais atenção para impedir com êxito a adesão de agentes patogénicos e ultrapassar espécies indesejadas (Gillor *et al.*, 2008). Sullivan *et al.*, (2009) afirmaram que os extractos de Lactobacillus podiam estimular a produção de beta-defensinas nas células da pele, o que pode ser útil na redução ou prevenção do crescimento de populações microbianas na pele, de uma forma dependente da dose. O leite fermentado com bactérias clássicas do ácido lático (*S. thermophilus* e *L. bulgaricus*) pode melhorar a estruturação do colagénio da pele sem promover a síntese de colagénio. Algumas estirpes probióticas apresentam potentes propriedades imunomoduladoras ao nível da pele.

Muitas evidências indicam que os probióticos podem ser úteis como agentes antioxidantes, tanto in vitro como in vivo. Foi demonstrado que várias estirpes probióticas possuem uma ação antioxidante in vitro. A capacidade dos probióticos para atuar como antioxidantes pode ser atribuída à presença de enzimas antioxidantes, como a superóxido dismutase (Shen *et al.*, 2010), à libertação de compostos antioxidantes, como a glutationa (Peran *et al.*, 2006), e à produção de biomoléculas de polissacáridos extracelulares (EPS) que as bactérias probióticas libertam para o meio envolvente para se protegerem em condições de fome e também de condições extremas de pH e temperatura (Kodali e Sen 2008).

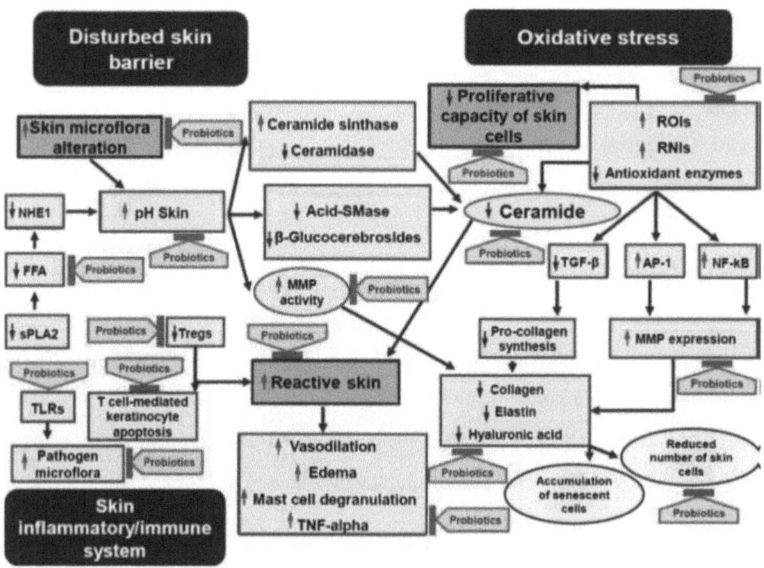

Figura 2.3. Modelo abrangente que resume as principais acções levadas a cabo pelos probióticos em diferentes condições cutâneas (Cinque *et al.*, 2011).

2.2.13. Efeitos anticancerígenos

Existe um forte atestado da importância dos *Lactobacilos* na nutrição e saúde humanas, bem como da inter-relação entre muitos factores alimentares e o cancro. As dietas ricas em proteínas e gorduras animais parecem aumentar a suscetibilidade ao cancro do cólon, aparentemente através da conversão de procarcinogéneos em carcinogéneos pela microflora intestinal. As gorduras e os alimentos fritos também têm sido implicados nos cancros da mama, da próstata e do pâncreas. O consumo de leite tem sido negativamente correlacionado com a incidência de cancro gástrico e tem sido postulado que desempenha um papel importante na prevenção do cancro do estômago humano causado por agentes alquilantes. Existe a hipótese de que a microflora intestinal, através da produção de agentes cancerígenos e promotores de tumores, está envolvida na etiologia do cancro colo-rectal. Existem algumas provas de que os probióticos podem obstruir a formação de cancro através da prevenção de danos no ADN no cólon por bactérias vivas, supressão de alterações pré-neoplásicas no cólon. A administração dietética de *B. longum* (1×10^{10} células bacterianas vivas/d) suprimiu completamente os tumores do cólon induzidos pelo composto 2-amino, 3-metil, 3-imidazol (4, *5-f*) quinolina, que é um carcinogéneo presente na dieta humana.

Quadro 2.3. Actividades dos probióticos que podem desempenhar um papel na redução do risco de cancro (Sanders *et al.*, 1999)

ATIVIDADE SUPRIMIDA	REFERÊNCIAS
Crescimento celular e diferenciação de células de cultura de tecidos	Baricault *et al.*, 1995
Focos de criptas aberrantes no tecido do cólon de animais	Rowland at al., 1998; Rao *et al.*, 1999
Tumores em ratos (cólon, fígado, mamária)	ReddyeRivenson, 1993; Goldin *et al.*, 1996; Adachi, 1992
Recorrência do cancro superficial da bexiga em seres humanos	Aso e Akazan, 1992
Actividades enzimáticas (nitroredutase, b-glucuronidase, azoredutase, 7-a-dehidroxilase, hidrolase do ácido	Lingetr//., 1994; McConnell e Tannock, 1993;

glicólico) envolvidas na conversão de procarcinogéneos em carcinogéneos nas fezes de animais de laboratório e de seres humanos; nem todos os parâmetros foram influenciados positivamente em todos os estudos.	Goldin *et al.*, 1980
Atividade mutagénica	Renner e Munzner, 1991
Genotoxicidade	Venturi *et al.*, 1997

2.3. Garantia da segurança contínua dos LAB utilizados como probióticos

Os probióticos pertencem principalmente aos géneros *Lactobacillus* e *Bifidobacterium*. A maioria dos membros dos géneros não são considerados agentes patogénicos ou mesmo agentes patogénicos oportunistas. No entanto, foram registados casos raros de infeção por *Lactobacillus* e *Bifidobacterium*, possivelmente associados ao consumo de produtos probióticos. Ao longo do tempo, reconheceu-se, no entanto, que as culturas de arranque tradicionais dos produtos lácteos podem não ser adequadas para obter benefícios para a saúde do intestino. Por conseguinte, procuraram-se estirpes probióticas específicas, que, na maioria dos casos, são originárias do intestino. A origem diferente, intestino vs. leite, dos probióticos e as suas propriedades específicas, tais como a sobrevivência no trato gastrointestinal, fazem com que as considerações de segurança para essas estirpes sejam diferentes em comparação com as culturas de arranque.

2.3.2. Taxonomia

A avaliação da segurança é uma fase difícil mas essencial no desenvolvimento de qualquer novo alimento. Isto é especialmente importante quando se trata de microrganismos, incluindo os probióticos. Em alguns casos, são encontradas propriedades semelhantes em isolados de probióticos clínicos e não clínicos, incluindo que não só os factores bacterianos mas também factores associados ao hospedeiro podem desempenhar um papel na patogenicidade (Ouwehand *et al.*, 2004). O primeiro passo na avaliação da segurança de um probiótico deve ser uma identificação correcta da estirpe. Isto situaria a estirpe no nível taxonómico adequado, permitindo o estabelecimento preliminar dos riscos potenciais, utilizando os conhecimentos prévios sobre a unidade taxonómica correspondente.

Um produto probiótico fiável requer a identificação correcta das espécies utilizadas e o seu anúncio no rótulo do produto. Foi demonstrado repetidamente que em 50% dos produtos probióticos a identidade dos microrganismos recuperados não corresponde à informação indicada no rótulo do produto (Yeung *et al.*, 2002). Tradicionalmente, têm sido utilizados métodos fenotípicos, tais como perfis de fermentação de hidratos de carbono, para a identificação de bactérias probióticas. Nos últimos anos, o rápido avanço da biologia molecular levou ao desenvolvimento de numerosos métodos novos, proporcionando uma técnica fiável para a identificação de microrganismos. A disponibilidade destes métodos torna inaceitável a identificação e rotulagem incorrectas dos probióticos (Yeung *et al.*, 2002).

2.3.3. Avaliação da segurança

2.3.3.1. Avaliação in vitro dos factores de risco

Para avaliar a segurança de uma estirpe nova ou existente in vitro, é necessário saber que tipo de propriedades podem ser consideradas propriedades de risco de uma estirpe. A melhor opção é procurar as propriedades que se sabe serem factores de virulência ou de risco em "verdadeiros agentes patogénicos". Essas propriedades são, por exemplo, a agregação plaquetária, a hemólise, a resistência à morte mediada pelo complemento, a adesão a proteínas da matriz extracelular, a resistência aos antibióticos, etc. (Ouwehand *et al.*, 2004).

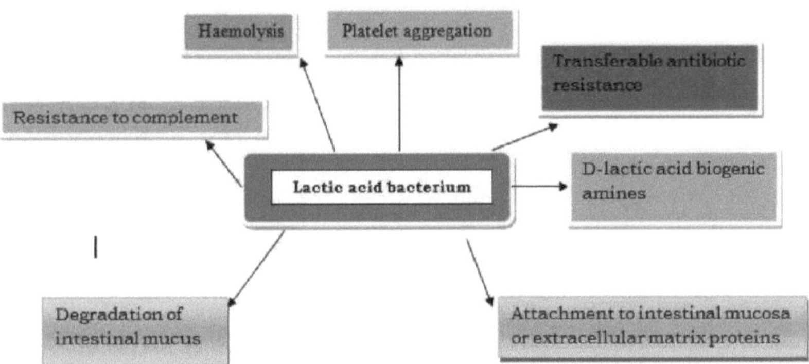

Figure 2.4. Schematic representation of the potential risk factors that can be assessed in vitro to determine the safety of lactic acid bacteria Modifies after Salminen *et al.*, (2001).

2.3.3.2. Produtos finais metabólicos

Para além das propriedades intrínsecas dos micróbios, também a atividade metabólica pode desempenhar um papel. Em particular, a capacidade de formar ácido D-lático, mas também outras substâncias, como as aminas biogénicas, foram sugeridas como um potencial fator de risco. O risco de acidose D-láctica parece estar principalmente limitado a crianças com síndrome do intestino curto (SBS) (Bongaerts *et al.*, 1997). O tecido humano contém a enzima D-2-hidroxiácido desidrogenase que também converte a D-lactose em piruvato e reduz o risco de acidose. No entanto, se a absorção de D-lactato exceder o metabolismo, por exemplo, durante o crescimento excessivo de lactobacilos em doentes com SBS, pode ocorrer acidose. Por outro lado, um probiótico produtor de L-lactato (*Lactobcillus* GG) tem sido utilizado no tratamento da acidose D-láctica (Gavazzi *et al.*, 2001). A produção de aminas biogénicas pode ocorrer em produtos lácteos fermentados que são amadurecidos durante períodos de tempo mais longos: por exemplo, queijo e é, portanto, uma preocupação menor para os probióticos.

2.3.3.3. Resistência antimicrobiana

O fator de risco mais importante que pode ser avaliado é a resistência aos antibióticos transferível in vitro. A resistência aos antibióticos é comum entre os micróbios e os fermentos lácteos e probióticos. A razão para isto é que a maioria dos antibióticos tem como alvo funções específicas dentro da célula microbiana e mesmo os antibióticos de largo espetro não afectam todos os micróbios, devido a propriedades intrínsecas de resistência. No caso dos probióticos, o exemplo mais notável é a resistência intrínseca do *Lactobacillus rhamnosus* à vancomicina. Devido a uma estrutura diferente na parede celular, as estirpes de *L. rhamnosus* são resistentes à vancomicina. Esta resistência é, no entanto, muito diferente da resistência adquirida por certas estirpes de *Enterococcus faecium* (Tynkkynen *et al.*, 1998). A resistência transferível aos antibióticos é, portanto, indubitavelmente o fator de risco mais relevante a ter em conta para os probióticos e as culturas iniciais (Comité Científico da Alimentação Animal, 2002).

2.3.3.4. Avaliação *in vivo* dos factores de risco

Diversos modelos animais de experimentação têm sido amplamente utilizados para avaliar o efeito dos probióticos no seu hospedeiro. Em muitos casos, os dados de saúde gerados a partir da avaliação de probióticos em modelos animais deram origem a resultados semelhantes em seres humanos e vice-versa. Embora os benefícios para a saúde devam ser sempre confirmados na espécie hospedeira visada, a validade da extrapolação tem sido geralmente considerada satisfatória, proporcionando confiança na avaliação da segurança dos probióticos destinados a uso humano.

2.3.3.5. Avaliação genómica dos factores de risco

Com um número crescente de micróbios a serem sequenciados, o genoma disponível também pode ser utilizado para os potenciais factores de risco. Altermann *et al.* (2002) fizeram-no para o genoma de *L. acidophilus* NCFM, onde não foi possível detetar qualquer resistência transferível aos antibióticos. Outras estirpes estão a ser sequenciadas e permitirão uma abordagem mais ampla para este tipo de investigações.

2.3.4. Papel do anfitrião

Em qualquer infeção, há duas partes envolvidas: o micróbio e o hospedeiro. É importante determinar também o papel do hospedeiro no processo. Com exceção dos enterococos, que podem estar envolvidos em infecções, os LAB são extremamente raros na infeção. As taxas de infeção por lactobacilos foram estimadas em 0,1%-0,4% de todas as infecções sanguíneas. Uma investigação de doentes com casos positivos de lactobacilimia indicou que, em geral, sofriam de doenças subjacentes graves, doenças malignas e perturbações gastrointestinais graves. A função imunitária reduzida é o principal denominador comum destes doentes. Estes doentes são propensos à bacteriémia em geral e não à BAL em particular (Salminen *et al.,* 2004).

Os casos raros de infeção, possivelmente causada por probióticos, não devem ser demasiado enfatizados, mas deve ter-se em conta que em certos grupos de pacientes, pode haver um pequeno risco de infeção causada por probióticos. Este facto não deve, em caso algum, desencorajar a utilização de probióticos (Ouwehand *et al.,* 2003).

2.3.5. Avaliação pós-comercialização

Uma empresa que comercializa um produto, incluindo os probióticos, é, em última análise, responsável pela sua segurança. O controlo contínuo da qualidade é um aspeto de controlo importante para garantir a segurança e a fiabilidade do produto. Para além disso, a avaliação pós-comercialização pode complementar a garantia de qualidade e segurança. Na Finlândia, existe um programa para avaliar a causa da bacteriémia. Neste programa, todos os isolados de hemoculturas são identificados, desta forma, as causas raras de bacteriemia são também identificadas, incluindo os lactobacilos e as bifidobactérias. A partir deste estudo, também se tornou claro que, apesar de um aumento dramático do consumo da produção de probióticos na Finlândia nos últimos dez anos, não se registou um aumento da lactobacilemia, o que indica a segurança dos produtos probióticos.

2.3.6. Classificação dos organismos seguros

Uma primeira tentativa de classificação da segurança dos micróbios, incluindo as BAL, foi efectuada pela União Alemã da Indústria Química. Esta lista destinava-se, de facto, a avaliar a segurança dos trabalhadores no domínio da biotecnologia, que podem estar expostos a níveis muito mais elevados do que os consumidores e também noutras formas que não os alimentos. O aspeto mais controverso da lista foi a inclusão do *L. rhamnosus* como organismo da classe 2, ou seja, um organismo que pode causar doenças. Embora as espécies sejam assinaladas, existem estirpes com um historial de utilização segura.

A Federação Internacional dos Produtores de Leite e a Associação Europeia das Culturas para a Alimentação Humana e Animal elaboraram uma lista de organismos com utilização documentada nos alimentos. A lista não garante a segurança, mas é um indicador importante de uma utilização segura. Esta lista destina-se a ser dinâmica e será modificada ao longo do tempo. Um dos pontos de discussão é a utilização de espécies em vez de estirpes na lista. Para os fermentos lácteos tradicionais, isto não é uma preocupação. No caso de estirpes probióticas de géneros como *Enterococcus,* seria importante distinguir as estirpes com um historial de utilização aparentemente segura em alimentos e probióticos daquelas que causam infecções nosocomiais.

Nos EUA, um fabricante pode solicitar o estatuto de "Generally Recognised as Safe" (GRAS) à Food and Drug Administration. A aprovação GRAS da FDA está relacionada com uma aplicação específica, por exemplo, *L. bulgaricus e S. thermophilus* têm aprovação GRAS para a produção de iogurte. Além disso, existe o GRAS auto-afirmado, em que o produtor apresenta um dossier à FDA e, quando a FDA não levanta objecções, o produto é considerado seguro e pode ser comercializado.

A possibilidade de criar um sistema semelhante à definição GRAS utilizada nos EUA foi proposta pela Agência Europeia para a Segurança dos Alimentos (AESA), com o objetivo de desenvolver um sistema de presunção qualificada de segurança (PSQ) para microrganismos ou grupos de microrganismos específicos. A abordagem QPS permitiria o estabelecimento de etapas específicas de avaliação da segurança que deveriam ser cumpridas para cada unidade taxonómica adequada ao estatuto QPS. Assim, um determinado probiótico poderia ter o estatuto de "SPQ", "SPQ com qualificações" ou "Não adequado para SPQ" e só neste último caso a estirpe teria de passar por uma avaliação de risco completa. Esta abordagem deverá facilitar a avaliação da segurança pela AESA de determinados microrganismos para os quais não existem preocupações especiais em termos de segurança, como os lactobacilos ou as bifidobactérias.

2.4. *Lactobacillus* como potencial probiótico

2.4.2. Características morfológicas de *Lactobacillus*

A sua forma varia de cocobacilos longos, rectos ou ligeiramente crescentes a cocobacilos corineformes. O comprimento dos bastonetes e o grau de curvatura dependem da idade da cultura, da composição do meio (por exemplo, disponibilidade de ésteres oleicos) e da tensão de oxigénio. Alguns lactobacilos produtores de gás exibem sempre uma mistura de bastonetes longos e curtos (por exemplo, *L. fermentum)*. A divisão celular ocorre apenas num plano A motilidade por flagelos peritríquios é observada apenas em algumas espécies. A granulação interna é frequentemente revelada pela coloração de Gram ou azul de metileno, especialmente nos bastonetes longos homofermentativos não esporulados.

2.4.3. Parede celular e estrutura fina

As micrografias electrónicas de secções finas revelam um perfil típico de parede celular Gram-positivo. A parede celular contém peptidoglicano de vários quimiotipos do grupo de ligações cruzadas A. O tipo Lys-D-Asp é o tipo de peptidoglicano mais comum, seguido do tipo meso-Dpm-direto (Schleifer e Kandler, 1972). A parede celular também contém polissacáridos ligados ao peptidoglicano por ligações fosfodiéster (Knox e Hall, 1964). Várias espécies do género *Lactobacillus* possuem a camada S proteica que se caracteriza por um tamanho pequeno (40-60kDa) e um valor pI previsto elevado (pH>9) (Avall-Jaaskelainen e Palva, 2005).

Os polissacáridos extracelulares (EPS) são formados por estirpes de numerosas espécies de *Lactobacillus*. Para além dos nucleóides e ribossomas típicos de todos os procariotas, as micrografias electrónicas de secções finas mostram frequentemente grandes mesossomas. Estes são formados por invaginações da membrana citoplasmática e estão cheios de túbulos, provavelmente derivados de invaginações secundárias da membrana.

2.4.4. Características das colónias e da cultura

As colónias em meio de ágar são geralmente pequenas (2-5 mm) com margens inteiras, convexas, lisas, brilhantes e geralmente opacas sem pigmento. Em casos muito raros, são amareladas ou avermelhadas. Um triterpenóide carotenoide 4,4'-diaponneuroponeurosporeno foi identificado como pigmento em *L. plantarum*. Algumas espécies formam colónias rugosas.

A maioria das estirpes apresenta uma ligeira atividade proteolítica devida a proteases e peptidases ligadas ou libertadas pela parede celular e uma fraca atividade lipolítica devida a lipases predominantemente intracelulares. A degradação distinta do amido, que conduz a zonas claras em placas de amido, só é observada em algumas espécies (por exemplo, *L. acidophilus)*. A aglomeração das células da mesma estirpe é designada por autoagregação, enquanto que na coagregação se formam agregados com células geneticamente distintas. Ambos os tipos ocorrem em *lactobacilos*, por exemplo, em *Lactobacillus crispatus, L. gasseri, L. reuteri* e *L. coryniformis*. A agregação desempenha um papel na colonização da cavidade oral e do trato urogenital, bem como na troca genética através da conjugação.

2.4.5. Necessidades nutricionais e de crescimento

Os lactobacilos são organismos extremamente fastidiosos, adaptados a substratos orgânicos complexos. Necessitam não só de hidratos de carbono como fontes de energia e de carbono, mas também de nucleótidos, aminoácidos e vitaminas (Elli *et al.,* 2000). Embora o ácido pantoténico e o ácido nicotínico sejam, à exceção de uma nova estirpe, exigidos por todas as espécies, a tiamina só é necessária para o crescimento dos lactobacilos heterofermentativos (Rogosa *et al.,* 1961).

Os lactobacilos crescem em meios ligeiramente ácidos com um pH inicial de 6,4-5,4. O crescimento cessa normalmente quando é atingido o pH 3,6-4,0. A maioria dos lactobacilos cresce melhor a temperaturas mesófilas com um limite superior de cerca de 40°C. Alguns crescem sempre abaixo de 15°C e algumas estirpes mesmo abaixo de 5°C. Os lactobacilos termofílicos podem ter um limite superior de 55°C e não crescem abaixo de 15°C.

2.4.6. Metabolismo

Os lactobacilos são facultativamente anaeróbios e obrigatoriamente sacarolíticos. Pelo menos metade do carbono do produto final é lactato. O lactato não é normalmente fermentado. Os produtos adicionais podem ser acetato, etanol, CO_2 , formiato ou succinato. A redução do nitrato é invulgar; se presente, apenas quando o pH terminal é mantido acima de 6,0 e/ou o heme é adicionado ao meio de crescimento. A gelatina e a caseína não são digeridas, mas a maioria das estirpes produz pequenas quantidades de azoto solúvel. O indole e o H_2 S não são produzidos. Os lactobacilos são catalase e citocromo negativos; no entanto, algumas estirpes de várias espécies decompõem o peróxido através de uma psuedocatalse ou de uma verdadeira catalase quando o heme está presente. Reação negativa à benzidina. A produção de pigmento é rara; se presente, amarelo ou laranja a ferrugem ou vermelho tijolo (Paul De Vos *et al.,* 2009).

2.4.7. Fagos

Os fagos de *Lactobacillus* podem interferir com o desempenho dos seus hospedeiros nos processos de fermentação (Hammes e Hertel, 2009). Os processos de inibição de fagos no sector dos lacticínios são da maior importância. Todos os fagos de *lactobacilos* pertencem às famílias *Myoviridae* e *Siphoviridae,* têm dsDNA e são fagos *cos-site* e *pac-site.* O tamanho do genoma varia entre 40kbp e 133kbp.

2.4.8. Compostos antagonistas

Os lactobacilos têm o potencial de inibir o crescimento de microrganismos concorrentes e, assim, evitar a deterioração dos alimentos e o crescimento de microrganismos indesejáveis. O efeito primário da redução do pH é de grande importância, mas este efeito é apoiado pela formação de numerosos compostos que podem ser produzidos em função de factores ambientais e da dotação genética da espécie ou estirpe (Hammes e Tichaczek, 1994).

Muitos compostos de baixo peso molecular com propriedades antimicrobianas são produzidos pelos lactobacilos. A reuterina é excretada por *Lactobacillus reuteri, Lactobacillus buchneri e Lactobacillus coryniformis* (Schnurer e Magnusson, 2005). Inibe as enzimas tiol e tem um amplo espetro antimicrobiano, incluindo fungos, protozoários e bactérias. O ácido piroglutâmico com atividade contra *Bacillus subtilis, Panothoea agglomerans* e espécies de *Pseudomonas* é produzido por estirpes de *Lactobacillus casei, L. helveticus e L. delbrueckii* subsp. *bulgaricus.* As estirpes de *Lactobacillus plantarum* produzem ácido benzoico, metil-hidantoína e mevalonolactona com efeitos inibidores sobre *Panothoea agglomerans* e *Fusarium avenaceum.*

O Lactobacillus plantarum MiLAB 393 produz ciclo (L-Phe-L-Pro), ciclo (L-Phe- trans-4-

oh-L-Pro) e ácido fenil-lático, exibindo atividade especialmente contra bolores e leveduras (Valerio *et al.*, 2004). *O Lactobacillus reuteri* produz um derivado do ácido tetramico denominado reutericiclina que inibe as bactérias gram positivas (Ganzle *et al.*, 2000). As bacteriocinas são compostos proteicos que foram divididos em quatro classes (klaenhammer, 1993). A classe I inclui os lantibióticos; a classe II inclui pequenos péptidos (<10kDa), moderados (100°C) a elevados (121°C), estáveis ao calor e não contendo lantionina, activos na membrana. Foram definidos subgrupos dentro desta classe: IIa são péptidos activos contra a *Listeria*. IIb são bacteriocinas de dois péptidos e IIc são péptidos activados por tiol. A classe III é constituída por proteínas termolábeis de grandes dimensões (>30 kDa) e a classe IV contém bacteriocinas complexas, por exemplo, proteínas com lípidos ou hidratos de carbono. Exemplos bem estudados de lantibióticos são a plantaricina C, a plantaricina W e a lactocina S (Holo *et al.*, 2001).

2.4.9. Resistência aos quimioterápicos

Verifica-se um aumento da resistência aos antibióticos nas bactérias patogénicas e verificou-se que algumas espécies de *Lactobacillus* estiveram envolvidas em casos de bacteriemia. Isto levou a um interesse novo e específico na sensibilidade dos lactobacilos aos quimioterápicos. Para determinar as concentrações de antibióticos necessárias nos níveis plasmáticos, é essencial a diferenciação entre a concentração inibitória mínima (CIM) e a concentração bactericida mínima (CBM). Num estudo dos efeitos da penicilina, da ampicilina, da clindamicina, da cefalotina, da cefoxitina e do metronidazol em 40 lactobacilos pertencentes a sete espécies, observou-se que as relações MBC: CIM são elevados, variando de 30:1 para a cefalotina a 266:1 para a ampicilina. Para a cefoxitina e o metronidazol, observou-se uma CIM e/ou CBM alcançável em 87,5-100% das estirpes.

A aquisição de resistência aos antibióticos por transferência horizontal de genes tornou-se uma grande preocupação (Teuber *et al.*, 1999). Os genes de resistência foram localizados em plasmídeos conjugativos ou mobilizáveis e transposões em isolados de seres humanos ou animais e em lactobacilos associados a alimentos. A evolução da resistência aos antibióticos é reforçada por estes elementos genéticos, pela posse de integrões e elementos de inserção, e por fagos líticos e temperados. Todos os elementos ocorrem nos lactobacilos. Os lactobacilos associados aos alimentos tornam-se parte integrante da associação intestinal. Estas bactérias, juntamente com os lactobacilos residentes, podem adquirir e trocar genes de resistência e contribuir para a sua disseminação em bactérias associadas ao homem.

2.4.10. Patogenecidade

Com base no seu número na alimentação humana, os lactobacilos são o grupo mais importante de microrganismos vivos ingeridos. Com base na experiência a longo prazo, pode concluir-se que os lactobacilos são organismos seguros. No entanto, um número crescente de relatos de casos de lactobacilemia suscitou algumas dúvidas. As infecções causadas por lactobacilos são muito raras e representam 0,05-0,48% de todos os casos de endocardite infecciosa e bacteriemia. Na grande maioria destes casos, uma doença subjacente indica uma predisposição dos doentes (Hammes e Hertel, 2009).

As espécies isoladas mais frequentes são *L. rhamnosus, L. paracasei* e *L. plantarum,* e com menor incidência *L. brevis, L. gasseri, L. delbrueckii, L. acidophilus.*

2.4.11. Ecologia, habitats e biotecnologia

Os lactobacilos crescem em condições anaeróbias ou, pelo menos, sob tensão reduzida de oxigénio em todos os habitats que fornecem hidratos de carbono em abundância, produtos de decomposição de proteínas e ácidos nucleicos e vitaminas. É favorável uma gama de temperaturas mesofílicas a ligeiramente termofílicas. Contudo, algumas estirpes, por exemplo, *L. sakei, L. curvatus e L. plantarum,* crescem muito lentamente, mesmo a uma temperatura próxima do ponto de congelação, por exemplo, em carne refrigerada. Geralmente, os lactobacilos são acidúricos ou acidófilos e diminuem o pH do seu substrato para menos de 4,0 através da formação de ácido lático, reduzindo ou impedindo assim o crescimento dos seus concorrentes, com exceção de outras bactérias lácticas e leveduras.

Estas propriedades tornam-nos habitantes valiosos do trato intestinal de humanos e animais e importantes contribuintes para a tecnologia alimentar. No entanto, são também potentes organismos de deterioração, uma vez que podem afetar as propriedades sensoriais através do sabor, da textura, da cor, do limo, da turvação e da formação de aminas biogénicas. Algumas espécies individuais adaptaram-se a nichos ecológicos específicos e geralmente não são encontradas fora dos seus habitats especializados.

2.4.12. Fontes vegetais

Os lactobacilos ocorrem na natureza em número reduzido em todas as superfícies vegetais, mas crescem abundantemente em todo o material vegetal em decomposição, pelo que os lactobacilos são importantes para a produção e deterioração de alimentos vegetais fermentados para animais, alimentos e bebidas. Os produtos fermentados a partir de plantas podem ser agrupados de acordo com a natureza dos substratos. Os substratos amiláceos são os cereais, a batata, a mandioca; os produtos da sua fermentação são a massa fermentada, a cerveja, as bebidas espirituosas, etc. Foram isoladas cerca de 30 espécies de *Lactobacillus* da massa fermentada, por exemplo, *L. pontis, L. sanfranciscensis, L. panis, L. frumenti.*

Na cerveja, os lactobacilos são os agentes de deterioração mais importantes. As espécies isoladas da cerveja estragada são *L. brevis, L. curvatus, L.buchneri, L. paracasei, L. plantarum.* O segundo grupo de produtos vegetais fermentados é constituído por matérias-primas que contêm hidratos de carbono solúveis, tais como legumes e frutos para a fermentação alimentar, e erva, trevo, milho, etc. para a produção de silagem. Os processos de fermentação não são controlados por culturas de arranque e são caracterizados por sucessões nas associações microbianas envolvidas.

2.4.13. Leite e produtos lácteos

O leite não contém lactobacilos quando sai do úbere, mas é muito facilmente contaminado com lactobacilos através do pó, utensílios de leitaria, etc. Devido ao facto de os estreptococos crescerem mais rapidamente, o número de lactobacilos permanece normalmente bastante baixo, mesmo no leite acidificado espontaneamente. Só após uma incubação prolongada é que os lactobacilos assumem o controlo devido à sua elevada tolerância ao ácido. No soro de leite azedo, a espécie mais tolerante ao ácido e, portanto, típica é o *L. helveticus* que produz até 3% de ácido lático. É tradicionalmente utilizado em fermentos para a produção de queijo suíço e outros tipos de queijos duros, por exemplo, Grana, Parmesão (Bottazzi *et al.,* 1973). Os lactobacilos que são especificamente adaptados para a produção de leites azedos incluem *L. delbrueckii* subsp. *bulgaricus* e subsp. *indicus,* que são componentes presentes na flora do iogurte e do dahi indiano, respetivamente.

2.4.14. Carne e produtos à base de carne

Os lactobacilos desempenham um papel importante nos enchidos fermentados. As espécies naturais mais comuns encontradas na maturação de enchidos crus são *L. sakei, L. curvatus* com uma incidência menor, *L. plantarum, L. brevis,* pediococos e leuconostocs (Krockel *et al.,* 2003). Como a carne não contém quantidades apreciáveis de hidratos de carbono fermentáveis, adiciona-se glucose e/ou sacarose à mistura de carne juntamente com especiarias e sal de cura. O pH desce durante a fermentação para valores que variam entre 4,8 e 5,4, consoante o tipo de enchido. Várias espécies de lactobacilos multiplicam-se durante o armazenamento a frio da carne; podem atrasar a deterioração por bactérias proteolíticas, mas podem levar à deterioração produzindo um sabor desagradável, gosto ácido, gás, limo ou esverdeamento.

2.4.15. Peixe e peixe marinado

Verificou-se que os lactobacilos ocorrem no intestino dos peixes; contudo, não pertencem à associação dominante de bactérias do ácido lático. Os lactobacilos estão envolvidos no processo de fermentação de peixe e marisco. Os lactobacilos homo e heterofermentativos desempenham um papel importante na deterioração do peixe marinado. *L. plantarum, L. brevis, L. delbrueckii, L. casei* são isolados de alimentos de peixe estragados.

2.4.16. Humanos e animais

Os seres humanos e os animais de sangue quente albergam lactobacilos na cavidade oral, nos intestinos e na vagina (Hammes e Hertel, 2009).

2.4.16.1. Cavidade oral

Os lactobacilos constituem <0,1% das bactérias da bochecha e da língua, <0,005% da placa intragengival e <1% das bactérias da saliva e da fenda gengival. Em amostras de saliva de 130 crianças em idade escolar, *L. casei* e *L. fermentum* foram identificados em 59 e 45% das amostras, respetivamente (Rogosa *et al.,* 1953). Com menor incidência, *L. acidophilus* (22%), *L. brevis* (17%). De acordo com a "hipótese da placa dentária", os hidratos de carbono provocam o crescimento seletivo de bactérias do ácido lático e especialmente de lactobacilos à custa de espécies menos tolerantes ao ácido. O pH baixo em cavidades cariosas é inicialmente o resultado do metabolismo estreptocócico que é seguido sucessivamente pelos lactobacilos mais resistentes ao ácido que crescem até um número elevado na cavidade.

2.4.16.2. Trato intestinal do homem e dos animais

As diferenças anatómicas que existem entre os intestinos dos seres humanos e dos animais afectam fortemente o número e a composição dos lactobacilos. Os lactobacilos aderem diretamente ao epitélio escamoso e formam uma camada. A partir daqui, os lactobacilos inoculam continuamente a digesta, resultando num grande número na parte proximal do trato digestivo. As associações de *Lactobacillus* em ruminantes não foram investigadas em profundidade.

No estômago humano, o número de lactobacilos é baixo (<10^3 c.f.u. /ml) e apenas as espécies adaptadas ao ambiente ácido (pH 2,2-4,2) podem utilizar o nicho ecológico. Duas espécies obrigatoriamente heterofermentativas (*L. gastricus* e *L. antri*) e duas espécies obrigatoriamente homofermentativas (*L. kalixensis* e *L. ultunensis*) foram isoladas de biópsias de voluntários saudáveis. Os lactobacilos predominam no duodeno e no jejuno.

De acordo com o conceito probiótico, os lactobacilos são utilizados em produtos lácteos fermentados e como aditivos alimentares, com o objetivo de melhorar a saúde. As espécies utilizadas nos alimentos e com documentação de investigação para estirpes definidas incluem os seguintes lactobacilos: *L. acidophilus, L. casie, L. delbrueckii* subsp. *bulgaricus, L. fermentum, L. helveticus, L. plantarum, L. reuteri, L. rhamnosus, L.paracasei, L. salivarius* (Sanders e Huis in't Veld, 1999). Estes lactobacilos persistem normalmente durante o trânsito intestinal, mas não colonizam durante muito tempo. Os vertebrados adquirem a sua associação intestinal aquando ou após o nascimento. Os lactobacilos podem ser cultivados a partir de fezes humanas 1-3 dias após o nascimento. Os alimentos podem conter lactobacilos que persistem no trânsito intestinal e podem ser recuperados das fezes.

2.4.16.3. Lactobacilos vaginais

A presença de lactobacilos na vagina está sujeita a uma grande variação no que diz respeito ao número, bem como às espécies e estirpes. Os indivíduos saudáveis podem conter nenhum ou praticamente 100% de lactobacilos nas suas associações vaginais. Pensa-se que os lactobacilos mantêm o pH baixo em valores que variam ao longo do ciclo menstrual entre 3,5 e 4,5 e que exercem um efeito protetor contra a colonização de microrganismos indesejáveis. Este conceito pode ser modificado porque certos indivíduos não abrigam lactobacilos e porque a secreção vaginal já é ácida ao nascimento, quando a vagina ainda é estéril (Hammes e Hertel, 2009).

2.4.17. Esgotos e estrume

Os esgotos e o estrume são habitats secundários de todos os lactobacilos encontrados no intestino ou noutros habitats primários em maior ou menor contacto. *L. coryniformis* e *L. curvatus* são frequentemente encontrados no estrume. Nos esgotos municipais, foram encontrados níveis de 10 -10^{45} lactobacilos/ml. As estirpes heterofermentativas foram classificadas como *L. fermentum, L. reuteri, L. brevis.*

MATERIAIS E MÉTODOS

3.1. Produtos químicos, artigos de plástico e artigos de vidro

Os pormenores relativos a produtos químicos, artigos de plástico e artigos de vidro são apresentados no quadro 3.1.

Tabela 3.1. Detalhes dos produtos químicos, artigos de plástico e artigos de vidro no estudo.

S. Não.	Produtos	Fontes
Meios utilizados		
1.	Ágar MRS	Himedia
2.	Ágar nutriente	Himedia
Produtos químicos e reagentes utilizados		
3.	Peptona, extrato de carne de bovino, extrato de levedura, glucose, acetato de sódio tri-hidratado, polissorbato 80, fosfato de hidrogénio dipotássico, citrato de triamónio, sulfato de magnésio hepta-hidratado, sulfato de magnésio tetra-hidratado, ágar, HG, NaOH	Qualigens
4.	Saffaranina, violeta cristal, azul de metileno, peróxido de hidrogénio, disco de oxidase, iodo de Gram, etanol	Qualigens/Hi-Media
5.	Discos de oxidase, estreptomicina, eritromicina, gentamicina, tetraciclina, canamicina, ácido nalidíxico, reagente de Baritfs A e B	
Vidros e Plásticos		
6.	Placas de Petri de vidro, tubos de ensaio/suportes, copos e frascos, tubos de microcentrifugação, micropipetas, lâminas de vidro, frascos criogénicos, tubos Falcon	Borosil/Tarsons

3.2. Materiais biológicos

Os pormenores das amostras são apresentados no quadro 3.2. Estas amostras foram utilizadas para o isolamento de bactérias probióticas.

Tabela 3.2. Pormenores das amostras utilizadas no estudo.

Sampie No.	Amostra	Nome dos locais de recolha	N.º total de amostras
1.	Massa de Idli	Restaurante Uddipi, PVS Mall, Meerut	1
2.	Massa de dosa	Restaurante Uddipi, PVS Mall, Meerut	1
3.	Requeijão	Restaurante Uddipi, PVS Mall, Meerut	1
4.	Requeijão	Lacticínios Garhwal, Meerut	1
5.	Requeijão	Caseiro, Aldeia- Mohammandpur Shakist, Meemt	1
6.	Iogurte	Yakult, Food Mall, Nova Deli	1
7.	Requeijão	Raj sweets, L- Block Shastrinagar, Meerut	1
8.	Requeijão	Shiv Shakti Sweets, L- Block Shastrinagar, Meemt	1
9.	Massa de jalebi	Kaka Sweets, Tejgarhi, Meerut	1
10.	Requeijão	Devpuri, Meerut	1
11.	Requeijão	Caseiro, Daurala, Meerut	1
12.	Iogurte	Nestlé, Easyday, Meerut	1
13.	Requeijão	Caseiro, Kankarkhera, Meerut	1
14.	Requeijão	Cantina, Campus da C.C.S.U., Meerut	1
15.	Iogurte	Himalaya, Easyday, Meerut	1
16.	Requeijão	Caseiro, Baxer, Meerut	1
17.	Requeijão	Caseiro, Saket, Meerut	1
18.	Requeijão	Caseiro, Brahmpuri, Meerut	1
19.	Requeijão	Nova Pousada para Raparigas, Meerut	1

20.	Leite de cabra Requeijão	Caseiro, Aldeia- Mohaimnandpur shakist, Meerut	1
21.	Massa de dosa	Loja de Doces Samrat, Meerut	1
22.	Requeijão	Loja de Doces Samrat, Meerut	1
23.	Requeijão	Tejgarhi, Meerut	1
24.	Cápsula	Gitgat, Riyaz Medical Store, Baghpat	1
25.	Requeijão	Shiv Sweets, Jagriti Vihar, Meerut	1
26.	Lassi	Ashok Tea Stall, Shastri Nagar, Meerut	1
27.	Requeijão	Hotel Vishal, Shastri Nagar, Meerut	1

3.3. Métodos

3.3.1. Recolha de amostras

As amostras foram recolhidas em recipientes de plástico pré-esterilizados de forma asséptica e armazenadas a 4°C até ao processamento posterior.

3.3.2. Processamento de amostras

Um grama/ml de amostras foi dissolvido em 10 ml de solução salina esterilizada (0,85% NaCl) para preparar a solução de reserva. Foram preparadas três diluições de cada amostra (10^{-1}, 10^{-2}, 10^{-3}) em solução salina normal esterilizada. 50 µL de cada solução foram espalhados em ágar MRS recém-preparado e incubados a 30°C por 24-72h. As colónias isoladas com diferentes características morfológicas foram submetidas a subcultura em placas de MRS frescas. Todos os isolados e amostras foram conservados como reservas de glicerol a -20°C para utilização posterior.

3.3.3. Caracterização morfológica dos isolados

A caraterização morfológica foi feita com base na morfologia das colónias e na coloração de Gram.

3.3.3.1. Morfologia das colónias e das células

Todas as colónias formadas eram brancas puras e brilhantes, convexas, pequenas (2-3 mm de diâmetro) com margens pequenas e foram transferidas para caldo MRS.

3.3.3.2. Coloração de Gram

O esfregaço bacteriano fixado na lâmina foi submetido a quatro reagentes diferentes numa ordem definida (violeta de cristal, iodo de Gram, descolorante e safranina) (Ryan e Ray, 2004). Uma vez que *o Lactobacillus* é gram positivo, devem ser observados bastonetes de cor violeta ao microscópio de luz.

3.3.3.3. Coloração de endosporos

Nesta técnica, o esfregaço bacteriano fixado na lâmina foi submetido à coloração de Schaeffer-Fulton. Neste procedimento, o esfregaço bacteriano foi primeiro corado por aquecimento com verde de malaquite seguido de lavagem com Safranina (Willey *et al.*, 2008). Após a coloração, podem ser vistos endosporos verdes em células vegetativas cor-de-rosa a vermelhas. Uma vez que *o Lactobacillus* não forma esporos, a ausência de endosporos confirma a sua presença.

3.3.4. Caracterização bioquímica dos isolados

Para confirmar os isolados de *Lactobacillus*, foram efectuados os seguintes testes bioquímicos.

3.3.4.1. Teste da catalase

Este teste foi realizado para estudar a presença da enzima catalase em colónias bacterianas. As colónias bacterianas (com 24 horas) foram colocadas em lâminas de vidro e foi adicionada uma gota de H_2O_2 (30%). O aparecimento de bolhas de gás indica a presença da enzima catalase (McFaddin, 1980).

3.3.4.2. Teste da oxidase

O teste da oxidase foi efectuado para determinar a presença da enzima oxidase nos isolados bacterianos (Steel, 1961). Utilizou-se o reagente de Kovac (1% de N, N, N, N tetra-metilo para fenileno diamina). Foram utilizados discos de filtro pré-carregados para detetar o teste da oxidase. Com a ajuda de uma ansa estéril, as colónias bacterianas com um dia de idade das placas de ágar foram transferidas para o disco de filtro. A formação de uma coloração púrpura profunda no espaço de 5-10 segundos indica um teste de oxidase positivo.

3.3.4.3. Produção de ácido a partir de hidratos de carbono

A produção de ácido e gás a partir da glucose foi determinada com caldo MRS e o gás produzido foi retido em tubos de Durham (de Man *et al.*, 1960). A fermentação da glicose sem gás, o crescimento a 37°C e a ausência de crescimento a 15°C identificaram os lactobacilos obrigatoriamente homofermentativos (OHOL); o crescimento a 15°C e a 37°C sem produção de gás caracterizou os lactobacilos heterofermentativos facultativos (FHEL), enquanto a produção de gás a 37°C e o crescimento variável a 15°C indicaram os lactobacilos obrigatoriamente heterofermentativos (OHEL) (Koell *et al.*, 2010).

3.3.4.4. Hidrólise da arginina

Este teste foi realizado em caldo MRS sem glucose e extrato de carne, mas contendo 0,3% de arginina e 0,2% de citrato de sódio em substituição do citrato de amónio. O amoníaco foi detectado utilizando o reagente de Nessler e monitorizando o desenvolvimento da cor laranja.

3.3.4.5. Teste MR-VP

O caldo MR-VP, também conhecido como caldo peptona glucose tamponado, é utilizado para a diferenciação das colónias bacterianas através do vermelho de metilo e da reação de Voges Proskauer (teste VP). Neste teste, as colónias bacterianas foram inoculadas em caldo MR-VP e incubadas a 30 °C durante 24 h. Após a incubação, as alíquotas foram retiradas assepticamente e foram realizados os testes seguintes:

A)	**Teste do vermelho de metilo** - adicionaram-se 5 ml de indicador de vermelho de metilo à alíquota de caldo e os resultados (mudança de cor) foram imediatamente registados.

B)	**Teste de Voges - Proskauer** - 15 gotas do "Reagente a" (5% p/v de α-naftol em álcool absoluto) e 5 gotas do "Reagente b" (40% p/v de hidróxido de potássio em água destilada) foram adicionadas a 1 ml de caldo de cultura, seguido de agitação e registo dos resultados.

3.3.4.6. Redução de nitratos

A redução de nitratos foi testada através da cultura dos microrganismos num meio contendo (g L^{-1}): peptona 5, nitrato de potássio 1,5 e cloreto de sódio 6,8. Em caldo de nitrato, todos os lactobacilos apresentaram um teste de redução de nitrato negativo.

3.3.4.7. Hidrólise do amido

A hidrólise do amido foi efectuada em meio de ágar MRS com adição de amido a 1%, incubação durante 1 semana a 35°C. Após a incubação, as placas foram inundadas com solução de iodo. A ausência de uma zona clara à volta das colónias deu um resultado negativo e confirmou a presença de *Lactobacillus*.

3.3.5. Ensaio da capacidade de auto-agregação

A capacidade de autoagregação é o indicador da capacidade de adesão e da tolerância às condições ambientais gastrointestinais, o que é considerado um pré-requisito para o rastreio dos lactobacilos relativamente às suas propriedades funcionais. Os lactobacilos foram cultivados durante 48 h a 37°C em placas de ágar MRS. Uma alça (10 µL) de cultura foi suspensa numa lâmina de microscópio de vidro em 1 ml de solução salina a 0,9% (pH 6,7) (Pascal *et al.*, 2008). A autoagregação foi então determinada pela capacidade de formar agregados (partículas semelhantes a areia claramente visíveis) em 2 minutos à temperatura ambiente. Os resultados foram expressos como: pontuação 0 - sem auto-agregação, pontuação 1 - auto-agregação intermédia (presença de alguns flocos) e pontuação 2 - auto-agregação forte.

3.3.6. Teste de tolerância a ácidos

O efeito do pH baixo na sobrevivência dos lactobacilos foi examinado em caldo MRS ajustado para uma gama de pH de 5,0 e pH 2,0. Cada volume de 20 mL de caldo MRS ajustado e não ajustado (como controlo; pH 7,0) foi inoculado com 20 µL de suspensão de lactobacilos e incubado em ambiente microaeróbio a 37°C durante 24 horas. O número de células sobreviventes na suspensão de lactobacilos após a incubação no respetivo pH foi determinado através da medição da densidade ótica da cultura em caldo com a ajuda de um espetrofotómetro. As leituras foram efectuadas nos períodos de 24 e 48 horas. As estirpes com maior densidade ótica após a incubação foram consideradas resistentes a um determinado pH.

3.3.7. Teste de tolerância à bílis

O efeito da bílis na sobrevivência dos lactobacilos foi examinado em caldo MRS contendo oxbile (2% p/v). Cada volume de 20 mL de caldo MRS ajustado e não ajustado (como controlo) foi inoculado com 20 µL de suspensão de lactobacilos e incubado em ambiente microaeróbio a 37°C durante 24 horas. O número de células sobreviventes na suspensão de lactobacilos após a incubação foi determinado através da medição da densidade ótica da cultura em caldo com a ajuda de um espetrofotómetro. As leituras foram efectuadas nos períodos de 24 e 48 horas. As estirpes com maior densidade ótica após a incubação foram consideradas resistentes à bílis.

3.3.8. Teste de tolerância à pancreatina

O efeito da pancreatina na sobrevivência dos lactobacilos foi examinado em caldo MRS contendo pancreatina (0,5% p/v). Cada volume de 20 mL de caldo MRS ajustado e não ajustado (como controlo) foi inoculado com 20 µL de suspensão de lactobacilos e incubado em ambiente microaeróbio a 37°C durante 24 horas. O número de células sobreviventes na suspensão de lactobacilos após a incubação foi determinado através da medição da densidade ótica da cultura em caldo com a ajuda de um espetrofotómetro. As leituras foram efectuadas nos períodos de 24 e 48 horas. As estirpes com maior densidade ótica após a incubação foram consideradas resistentes à pancreatina.

RESULTADOS

4.1. Recolha de amostras e isolamento e manutenção de isolados

Vinte e sete (27) amostras de alimentos fermentados foram recolhidas em diferentes locais da cidade de Meerut (Uttar Pradesh, Índia) e os pormenores são apresentados no quadro 3.2. Com base na morfologia das colónias, foram seleccionados 55 isolados para estudo posterior (quadro 4.1). As colónias purificadas dos isolados (Fig. 4.1) foram armazenadas em placas e reservas de glicerol a 4°C e - 20°C, respetivamente.

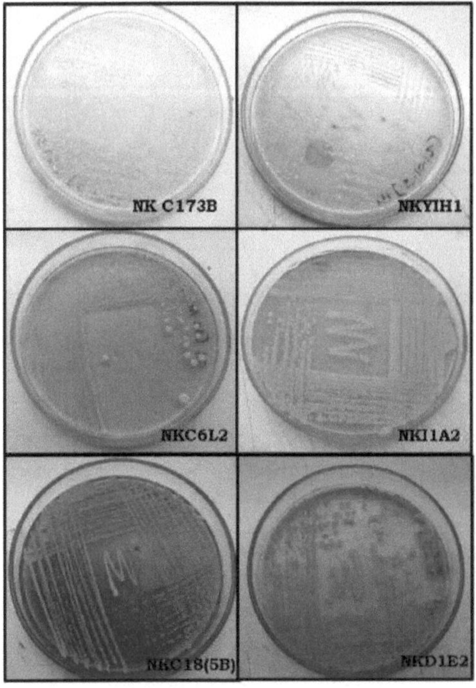

Figure 4.1. Colony morphology of isolates.
Bacterial isolates: NKC173B, NKYIH1, NKC18(5B) and NKC6L2
Yeast isolates: NKI1A2 and NKD1E2

4.2. Características morfológicas dos isolados

Ao efetuar a coloração de Gram, todos os isolados apareceram como bastonetes violetas a 100X, indicando a sua natureza gram positiva, exceto o isolado n. NKC6L1, NKC8N2, NKC9O2, NKY2P1, NKY2P2 e NKC13T1, que apareciam como bastonetes ou cocobacilos cor-de-rosa, mostrando a sua natureza gram-negativa (Fig. 4.2). Os pormenores das amostras e dos isolados são apresentados na tabela 4.1.

Tabela 4.1. Características morfológicas dos isolados

s. Não.	ID da estirpe	Morfologia das colónias	Grama reação	Forma da célula
1.	NKIlAl	Colónias creme, cerosas e convexas	Positivo	Varas
2.	NKI1A2	Colónias grandes, brancas e brilhantes	Positivo	Oval grande
3.	NKD1B2	Colónias grandes, cremosas e brilhantes	Positivo	Oval grande
4.	NKD1B3	Transparente, pequenas colónias	Positivo	Cocci
5.	NKClCl	Colónias cremosas, convexas e grandes	Positivo	Varas
6.	NKC1C3	Offwhite, Pequeno, colónias planas	Positivo	Cocco bailli
7.	NK C2D1	Colónias cremosas, planas e cerosas	Positivo	Varas
8.	NKC2D2	Colónias amarelas, convexas e pequenas	Positivo	Varas
9.	NKDlEl	Rosa, pequenas colónias	Positivo	Cocci
10.	NKD1E2	Colónias brancas, cerosas e grandes	Positivo	Oval grande
11.	NKC1F2	Colónias brancas, cerosas e pequenas	Positivo	Varas
12.	NKC3G1	Colónias cremosas, convexas e grandes	Positivo	Oval grande
13.	NKC3G2	Colónias brancas, planas e pequenas	Positivo	Varas
14.	NKYlHl	Colónias pequenas, brancas, convexas e brilhantes	Positivo	Varas
15.	NKC4I1	Colónias grandes, cremosas,	Positivo	Oval grande

		convexas e brilhantes		
16.	NKC4I2	Colónias pequenas, transparentes, brilhantes e pequenas	Positivo	Varas
17.	NKC5J1	Colónias grandes, brancas e brilhantes	Positivo	Varas
18.	NKC5J2	Colónias pequenas, planas, transparentes e pequenas	Positivo	Varas
19.	NKJlKl(L)	Colónias pequenas, planas, transparentes e pequenas	Positivo	Varas
20.	NKC6L1	Colónias brancas, brilhantes e pequenas	Negativo	Varas
21.	NKC6L2	Colónias pequenas, transparentes e pequenas	Positivo	Varas
22.	NKC7M1	Branco, pequenas colónias	Positivo	Varas
23.	NKC7M2	Colónias cremosas, convexas e grandes	Positivo	Oval grande
24	NKC8N1	Branco, colónias grandes	Positivo	Oval grande
25.	NKC8N2	Amarelo pálido, pequenas colónias	Negativo	Vara
26.	NKC9O1	Branco, colónias grandes	Positivo	Oval grande
27.	NKC9O2	Colónias grandes, cremosas e brilhantes	Negativo	Varas
28.	NKC9O3	Colónias brancas, pequenas e planas	Positivo	Varas
29.	NKY2P1	Branco, colónias grandes	Negativo	Cocci
30.	NKY2P2	Amarelo, colónias grandes	Negativo	Varas
31.	NKC10Ql	Colónias brancas e cerosas	Positivo	Varas
32.	NKJ1K2(S)	Colónias brancas, planas e pequenas	Positivo	Varas

33.	NKC10Q3	Branco, colónias grandes	Positivo	Varas
34.	NKC11R1	Colónias brancas, planas e pequenas	Positivo	Varas
35.	NKC12S1	Colónias cremosas, convexas e grandes	Positivo	Varas
36.	NKC12S2	Colónias brancas, brilhantes e pequenas	Positivo	Varas
37.	NKC13T1	Branco, pequenas colónias	Negativo	Varas
38.	NKC13T2	Colónias pequenas e transparentes	Positivo	Varas
39.	NKC14U1	Colónias brancas, convexas e grandes	Positivo	Cocci
40.	NKC14U2	Colónias pequenas e transparentes	Positivo	Varas
41.	NKD2V1	Branco, pequenas colónias	Positivo	Varas
42.	NKClW	Colónias cremosas, cerosas e planas	Positivo	Varas
43.	NKCl 5 W2	Colónias brancas e elevadas	Positivo	Varas
44.	NKC16X1	Colónias transparentes, pequenas e planas	Positivo	Varas
45.	NKC16X2	Branco, colónias grandes	Positivo	Ros
46.	NKCP1Y1	Colónias pequenas e transparentes	Positivo	Vara
47.	NKC 17(IA)	Branco, colónias grandes	Positivo	Oval grande
48.	NKC 17(IB)	Branco, pequenas colónias	Positivo	Varas
49.	NKL1(2B)	Colónias brancas, planas e pequenas	Positivo	Varas
50.	NKL1(2C)	Colónias brancas, planas e pequenas	Positivo	Varas
51.	NKC 17(3 A)	Colónias pequenas e transparentes	Positivo	Varas
52.	NKC 17(3 B)	Branco, pequenas colónias	Positivo	Varas
53.	NKC 18(4 A)	Colónias pequenas e transparentes	Positivo	Varas
54.	NKC18(5B)	Colónias transparentes, pequenas e	Positivo	Varas

		planas		
55.	NKC18(5C)	Colónias pequenas e transparentes	Positivo	Varas

Estirpe de controlo utilizada: NKY1H1 (*Lactobacillus casei*).

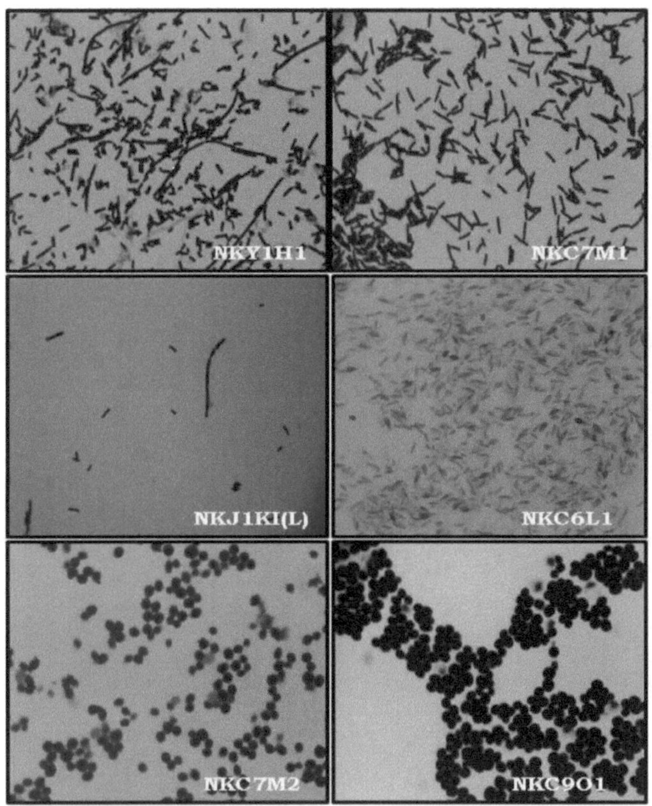

Figure 4.2. Gram's staining characteristics of the isolates .
Bacterial isolates: NKY1H1, NKC7M1, NKJ1K1(L) and NKC6L1
Yeast isolates: NKC7M2, NKC9O1

4.3. Características da coloração de endosporos dos isolados

Para detetar a presença de endosporos em bastonetes gram positivos, foi efectuada uma coloração de endosporos. Dos 40 isolados, 26 foram considerados negativos para endosporos (Fig. 4.3). Os pormenores do resultado da coloração de endosporos são apresentados no quadro 4.2.

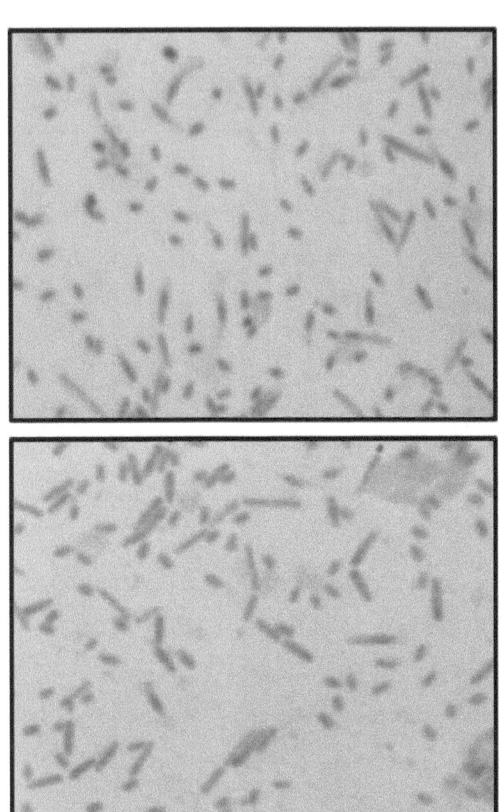

Figura 4.3. Coloração de endosporos dos isolados

Tabela 4.2. Pormenores da coloração dos endosporos dos isolados.

S. Não.	ID de isolamento	Endósporo (PositivoZNegativo)
1.	NKIlAl	Negativo
2.	NKClCl	Positivo
3.	NKC1C3	Positivo
4.	NKC2D1	Negativo
5.	NKC2D2	Negativo
6.	NKC1F2	Negativo
7.	NKC3G2	Positivo

8.	NKYlHl	Negativo
9.	NKC4I2	Positivo
10.	NKC5J1	Positivo
11.	NKC5J2	Negativo
12.	NKJlKl(L)	Negativo
13.	NKC6L1	Positivo
14.	NKC6L2	Negativo
15.	NKC7M1	Negativo
16.	NKC8N2	Negativo
17.	NKC9O2	Negativo
18.	NKC9O3	Negativo
19.	NKC10Q1	Positivo
20.	NKJ1K2(S)	Negativo
21.	NKC10Q3	Positivo
22.	NKC11R1	Negativo
23.	NKC12S1	Positivo
24.	NKCl 2 S2	Negativo
25.	NKC13T2	Negativo
26.	NKC14U2	Positivo
27.	NKD2V1	Negativo
28.	NKC15 Wl	Negativo
29.	NKCl 5 W2	Positivo
30.	NKC16X1	Positivo
31.	NKC16X2	Positivo
32.	NKCP1Y1	Positivo

33.	NKC 17(IB)	Negativo
34.	NKL1(2B)	Negativo
35.	NKL1(2C)	Negativo
36.	NKC 17(3 A)	Negativo
37.	NKC17(3B)	Negativo
38.	NKC 18(4 A)	Negativo
39.	NKC18(5B)	Negativo
40.	NKC18(5C)	Negativo

Negativo- ausente, Positivo- presente

4.4. Caracterização bioquímica dos isolados

A caraterização bioquímica dos isolados foi efectuada através de testes de produção de catalase, teste de oxidase, produção de ácido a partir de hidratos de carbono, hidrólise de arginina, testes MR-VP, teste de redução de nitratos e teste de hidrólise de amido. Dos 26 isolados, 21 foram considerados catalase negativos. Dos 21 isolados, 16 foram considerados positivos para a hidrólise da arginina. Todos os 21 isolados foram considerados MR-VP negativos, oxidase negativos. Todos os 21 isolados foram considerados incapazes de reduzir o nitrato e hidrolisar o amido. Os pormenores relativos aos isolados são apresentados nos quadros 4.3. e 4.4.

4.4.1. Teste da catalase

26 estirpes não formadoras de endosporos obtidas a partir da coloração de endosporos foram submetidas ao teste da catalase. Dos 26 isolados, 21 apresentaram resultados negativos no teste da catalase. Os pormenores dos resultados são apresentados no quadro 4.3.

Tabela 4.3. Pormenores da produção de catalase pelos isolados.

S. NÃO.	ID de isolamento	CATALASE PRODUÇÃO
1.	NKI1A1	
2.	NKC2D1	+

3.	NKC2D2	+
4.	NKC1F2	
5.	NKYlHl	
6.	NKC5J2	
7.	NKJlKl(L)	
8.	NKC6L2	
9.	NKC7M1	
10.	NKC8N2	+
11.	NKC9O2	+
12.	NKC9O3	
13.	NKJ1K2(S)	
14.	NKC11R1	
15.	NKC12S2	
16.	NKC13T2	
17.	NKD2V1	
18.	NKC15 Wl	+
19.	NKC 17(IB)	
20.	NKL1(2B)	
21.	NKL1(2C)	
22.	NKC 17(3 A)	
23.	NKC17(3B)	
24.	NKC 18(4 A)	
25.	NKC18(5B)	
26.	NKC18(5C)	

Negativo- ausente, Positivo- presente

4.4.2. Teste da oxidase

21 estirpes de teste foram então submetidas ao teste da oxidase. Todas deram negativo no teste da oxidase.

Os pormenores do resultado do teste da oxidase são apresentados no quadro 4.4.

Quadro 4.4. Resumo do ensaio da oxidase.

S. NÃO.	ID DA ESTIRPE	OXIDASE
1.	NKI1A1	
2.	NKC1F2	
3.	NKY1H1	
4.	NKC5J2	
5.	NKJ1K1(L)	
6.	NKC6L2	
7.	NKC7M1	
8.	NKC9O3	
9.	NKJ1K2(S)	
10.	NKC11R1	
11.	NKC1 2 S2	
12.	NKC13T2	
13.	NKD2V1	
14.	NKC 17(IB)	
15.	NKL1(2B)	
16.	NKL1(2C)	
17.	NKC 17(3 A)	
18.	NKC17(3B)	

19.	NKC18(4A)	
20.	NKC18(5B)	
21.	NKC18(5C)	

Negativo- ausente, Positivo- presente

4.4.3. Produção de ácido a partir de hidratos de carbono

A produção de ácido e gás a partir da glucose foi determinada em caldo MRS suplementado com 1% de glucose e o gás produzido foi retido em tubos durham a temperaturas de 15°C e 37°C. 8 isolados foram identificados como OHOL, 7 foram identificados como FHEL e 6 como OHEL. Os pormenores dos resultados são apresentados no quadro 4.5.

Tabela 4.5. Produção de ácido e gás do caldo Glucose-MRS a 15°C e 37°C

S. NÃO.	ID DA ESTIRPE	AT 15 C⁰		A 37 °C	
		ÁCIDO	GÁS	ÁCIDO	GÁS
1.	NKI1A1	+		+	
2.	NKC1F2	+	+	+	+
3.	NKY1H1			+	
4.	NKC5J2			+	
5.	NKJ1K1(L)	+	+	+	+
6.	NKC6L2	+		+	
7.	NKC7M1	+		+	
8.	NKC9O3	+	+	+	+
9.	NKJ1K2(S)	+	+	+	+
10.	NKC11R1			+	
11.	NKC12S2			+	
12.	NKC13T2			+	
13.	NKD2V1	+		+	

14.	NKC 17(IB)	+	+	+	+
15.	NKL1(2B)			+	
16.	NKL 1(2 C)	+		+	
17.	NKC 17(3 A)	+		+	
18.	NKC17(3B)			+	
19.	NKC 18(4 A)	+		+	
20.	NKC18(5B)	+	+	+	+
21.	NKC18(5C)			+	

OHOL lactobacilos obrigatoriamente homofermentativos (- - + -)

FHEL lactobacilos facultativamente heterofermentativos (+ - + -)

OHEL lactobacilos obrigatoriamente heterofermentativos (+ + + +)

4.4.4. Hidrólise da arginina

Apenas algumas das estirpes de lactobacilos isoladas foram capazes de produzir amoníaco através da hidrólise da arginina. 16 isolados foram capazes de hidrolisar a arginina. Os resultados da hidrólise da arginina são apresentados no quadro 4.6.

Tabela 4.6. Características do ensaio de hidrólise da arginina

S. NÃO.	ID DA ESTIRPE	HIDRÓLISE DA ARGININA
1.	NKIlAl	
2.	NKC1F2	+
3.	NKYlHl	+
4.	NKC5J2	+
5.	NKJlKl(L)	+
6.	NKC6L2	+
7.	NKC7M1	
8.	NKC9O3	+

9.	NKJ1K2(S)	+
10.	NKC11R1	+
11.	NKCl 2 S2	+
12.	NKC13T2	+
13.	NKD2V1	
14.	NKC 17(IB)	+
15.	NKL1(2B)	+
16.	NKL1(2C)	+
17.	NKC 17(3 A)	+
18.	NKC17(3B)	
19.	NKC 18(4 A)	
20.	NKC18(5B)	+
21.	NKC18(5C)	+

Negativo- ausente, Positivo- presente

4.4.5.   Teste MR-VP

Todas as 21 estirpes de lactobacilos isoladas apresentaram resultados negativos no teste MR-VP. Os resultados de

O ensaio MR-VP é apresentado no quadro 4.7.

Tabela 4.7. Características do ensaio MR-VP

S. NÃO.	ID ESTIRPE	DARM	VP
1.	NKIlAl		
2.	NKC1F2		
3.	NKYlHl		
4.	NKC5J2		

5.	NKJlKl(L)		
6.	NKC6L2		
7.	NKC7M1		
8.	NKC9O3		
9.	NKJ1K2(S)		
10.	NKC11R1		
11.	NKC12S2		
12.	NKC13T2		
13.	NKD2V1		
14.	NKC 17(IB)		
15.	NKL1(2B)	_	
16.	NKL1(2C)		
17.	NKC 17(3 A)		
18.	NKC17(3B)	_	
19.	NKC 18(4 A)		
20.	NKC18(5B)		
21.	NKC18(5C)		

4.4.6. Ensaio de redução de nitratos

21 estirpes isoladas de lactobacilos apresentaram resultados negativos no teste de nitratos. Os resultados estão resumidos na tabela 4.8.

Tabela 4.8. Características do ensaio de redução de nitratos

S. NÃO.	ID DA ESTIRPE	REDUÇÃO DE NITRATOS
1.	NKIlA1	
2.	NKC1F2	

3.	NKY1H1	
4.	NKC5J2	
5.	NKJ1K1(L)	
6.	NKC6L2	
7.	NKC7M1	
8.	NKC9O3	
9.	NKJ1K2(S)	
10.	NKC11R1	
11.	NKC12S2	
12.	NKC13T2	
13.	NKD2V1	
14.	NKC 17(IB)	
15.	NKL1(2B)	
16.	NKL 1(2 C)	
17.	NKC 17(3 A)	
18.	NKC17(3B)	
19.	NKC 18(4 A)	
20.	NKC18(5B)	
21.	NKC18(5C)	

Negativo- ausente, Positivo- presente

4.4.7. Ensaio de hidrólise do amido

Todas as 21 estirpes isoladas de lactobacilos foram incapazes de hidrolisar o amido, pelo que o teste do amido foi negativo. Os resultados do teste de hidrólise do amido são apresentados no quadro 4.9.

Tabela 4.9. Características do ensaio de hidrólise do amido

S. NÃO.	ID DA ESTIRPE	HIDRÓLISE DO AMIDO (+/-)
1.	NKI1A1	
2.	NKC1F2	
3.	NKY1H1	
4.	NKC5J2	
5.	NKJ1K1(L)	
6.	NKC6L2	
7.	NKC7M1	
8.	NKC9O3	
9.	NKJ1K2(S)	
10.	NKC11R1	
11.	NKC12S2	
12.	NKC13T2	
13.	NKD2V1	
14.	NKC 17(IB)	
15.	NKL1(2B)	
16.	NKL 1(2 C)	
17.	NKC 17(3 A)	
18.	NKC17(3B)	
19.	NKC 18(4 A)	
20.	NKC18(5B)	
21.	NKC18(5C)	

4.5. Teste da capacidade de auto-agregação

Neste ensaio, 3 estirpes não mostraram capacidade de auto-agregação, 9 estirpes mostraram uma capacidade de auto-agregação intermédia e 9 estirpes mostraram uma forte capacidade de auto-agregação. Os resultados da auto-agregação são apresentados no quadro 4.10.

Tabela 4.10. Características do teste de capacidade de auto-agregação

S. NÃO.	ID DA ESTIRPE	PONTUAÇÃO 0	PONTUAÇÃO 1	PONTUAÇÃO 2
1.	NKI1A1		+	
2.	NKC1F2		+	
3.	NKY1H1			+
4.	NKC5J2	+		
5.	NKJ1K1(L)		+	
6.	NKC6L2			+
7.	NKC7M1		+	
8.	NKC9O3			+
9.	NKJ1K2(S)			+
10.	NKC11R1	+		
11.	NKC12S2		+	
12.	NKC13T2		+	
13.	NKD2V1			+
14.	NKC 17(IB)		+	
15.	NKL1(2B)			+
16.	NKL 1(2 C)	+		
17.	NKC 17(3 A)		+	
18.	NKC17(3B)			+
19.	NKC 18(4 A)		+	
20.	NKC18(5B)			+

| 21. | NKC18(5C) | | | + |

4.6. Teste de tolerância a ácidos

As diferentes estirpes exibiram um padrão de crescimento diferente a pH 2 e pH 5 após 24h e 48h de incubação. A pH 2, o isolado NKC12S2 apresentou um bom crescimento após 48 horas de incubação. A pH 5, os isolados NKC5J2, NKC17(3B) e NKL1(2B) apresentaram um bom crescimento após 24 horas e mesmo após 48 horas de incubação. NKC17(1B) não apresentou um bom crescimento após 24 horas de incubação, mas apresentou um bom crescimento após 48 horas. NKC17(3A) e NKC18(5C) apresentaram um bom crescimento após 24 horas de incubação, mas o crescimento diminuiu após 48 horas de incubação (Fig. 4.4). Os resultados estão resumidos na tabela 4.11.

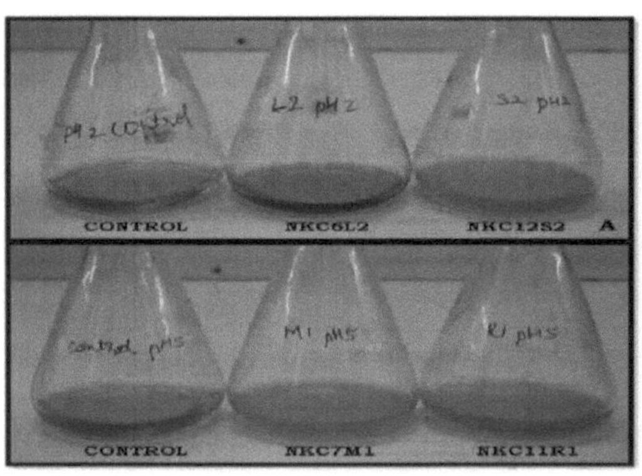

Figure 4.4. Growth of isolates in MRS broth at various pH.
A. Effect on growth at pH 2.
B. Effect on growth at pH 5.

Tabela 4.11. Características de tolerância a ácidos das estirpes

S. NÃO.	ID DA ESTIRPE	APÓS 24 H		APÓS 48 H	
		pH 2	pH 5	pH 2	pH 5
1.	NKIlAl	0.490	0.896	0.150	0.671
2.	NKC1F2	0.465	0.788	0.440	0.650
3.	NKYlHl	0.422	0.731	0.115	0.688
4.	NKC5J2	0.118	1.052	0.118	1.209

5.	NKJ1K1(L)	0.437	0.744	0.120	0.810
6.	NKC6L2	0.336	0.842	0.635	0.680
7.	NKC7M1	0.203	0.812	0.712	0.679
8.	NKC9O3	0.174	0.726	0.600	1.312
9.	NKJ1K2(S)	0.379	0.767	0.461	0.701
10.	NKC11R1	0.120	0.733	0.117	0.676
11.	NKC12S2	0.572	0.729	1.030	0.665
12.	NKC13T2	0.796	0.619	0.668	0.634
13.	NKD2V1	0.589	0.679	0.159	0.712
14.	NKC 17(IB)	0.472	0.770	0.704	1.564
15.	NKL1(2B)	0.628	1.465	0.408	1.404
16.	NKL 1(2 C)	0.153	0.754	0.136	0.651
17.	NKC 17(3 A)	0.959	1.061	0.128	0.750
18.	NKC17(3B)	0.753	0.957	0.135	1.801
19.	NKC 18(4 A)	0.118	0.774	0.393	0.626
20.	NKC18(5B)	0.538	0.713	0.143	0.921
21.	NKC18(5C)	0.858	2.040	0.157	0.737

4.7. Teste de tolerância à bílis

As diferentes estirpes exibiram um padrão de crescimento diferente em caldo MRS contendo oxbile após 24 e 48 horas de incubação. As estirpes NKJ1K2(S) e NKD2V1 apresentaram um crescimento igualmente bom após 24 e 48 horas. As estirpes NKC9O3, NKL1(2B), NKC17(3B) e NKC18(5C) apresentaram um crescimento moderado após 48h. As estirpes NKY1H1 e NKC6L2 apresentaram um crescimento fraco após 48 horas de incubação (Fig. 4.5, tabela 4.12).

Figure 4.5. Growth of isolates in MRS broth containing Bile and
Pancreatin.
    A. Effect on growth in MRS broth containing Bile.
    B. Effect on growth in MRS broth containing Pancreatin.

Tabela 4.12. Capacidade de tolerância à bílis das estirpes

S. NÃO.	ID DA ESTIRPE	DENSIDADE ÓPTICA APÓS 24 h	DENSIDADE ÓPTICA APÓS 48 h
1.	NKY1H1	0.325	0.263
2.	NKC6L2	0.421	0.221
3.	NKC9O3	0.334	0.730
4.	NKJ1K2(S)	0.689	6.120
5.	NKD2V1	0.786	8.13
6.	NKL1(2B)	0.267	0.611
7.	NKC 17(3 B)	0.498	0.668
8.	NKC18(5C)	0.372	0.641

4.7 Teste de tolerância à pancreatina

Diferentes estirpes exibiram diferentes padrões de crescimento em caldo MRS contendo pancreatina após 24h e 48h de incubação. As estirpes NKC9O3, NKC17(3B), NKC6L2 e NKC18(5C) apresentaram um crescimento excelente após 48 horas de incubação. As estirpes NKY1H1, NKJ1K2(S), NKD2V1 e NKL1(2B) apresentaram um bom crescimento após 48h de incubação.

Tabela 4.13. Capacidade de tolerância das estirpes à pancreatina

S. NÃO.	ID DA ESTIRPE	DENSIDADE ÓPTICA APÓS 24 h	DENSIDADE ÓPTICA APÓS 48 h
1.	NKY1H1	0.356	0.811
2.	NKC6L2	0.548	6.020
3.	NKC9O3	0.835	7.347
4.	NKJ1K2(S)	0.339	0.705
5.	NKD2V1	0.228	0.683
6.	NKL1(2B)	0.321	0.657
7.	NKC17(3B)	0.483	5.610
8.	NKC18(5C)	0.532	6.021

DISCUSSÃO

O termo "probióticos" foi originalmente utilizado por Lilley e Stillwell (1965) para indicar uma substância que estimula o crescimento de outros micróbios. Os alimentos probióticos são um grupo de alimentos que promovem a saúde, os chamados alimentos funcionais, com grande interesse comercial e quotas de mercado crescentes (Arvanitoyannis e Houwelingen-Koukaliaroglou, 2005). Em geral, os seus benefícios para a saúde baseiam-se na presença de estirpes seleccionadas de bactérias do ácido lático (BAL) que, quando ingeridas em quantidades adequadas, conferem um benefício para a saúde do hospedeiro. São administrados através do consumo de leites fermentados ou iogurtes (Mercenier, Pavan *et al.*, 2003). Para além da sua utilização comum na indústria dos lacticínios, as estirpes probióticas de BAL podem também ser utilizadas noutros produtos alimentares, incluindo carnes fermentadas (Hammes, 1998; Ineze, 1998; Krockel, 2006; Tyopponen *et al.*, 2003). O efeito dos probióticos é grandemente influenciado pelas suas propriedades funcionais, tais como a atividade antimicrobiana e a capacidade de persistir no intestino (Collado, 2007; Mercenier, 2008). As bactérias patogénicas e não patogénicas relacionadas com os alimentos estão atualmente a ser avaliadas como vacinas vivas. *O Lactobacillus* é o género mais comum a ser utilizado como probiótico porque é um habitante normal do trato gastrointestinal humano e é considerado não patogénico. A maioria da grande variedade de novos produtos probióticos desenvolvidos e comercializados nos países europeus na última década contém principalmente lactobacilos, como *L. acidophilus, L. casei, L. rhamnosus,* para os quais vários estudos evidenciaram algumas propriedades probióticas (Szajewska e Mrukowicz 2005).

Os probióticos estão a ganhar cada vez mais interesse científico e comercial como alimentos funcionais nesta era de auto-cuidado e medicina complementar. O sucesso dos probióticos levou ao desenvolvimento e comercialização de uma vasta gama de produtos à base de probióticos. Os microrganismos probióticos são inócuos e são indicados com o estatuto GRAS (geralmente considerado seguro) em sistemas animais e humanos (Underdahl *et al.*, 1982). Nos últimos anos, o interesse pelos lactobacilos probióticos tem sido estimulado pela utilização destas bactérias em produtos que alegadamente conferem benefícios para a saúde do consumidor.

Os efeitos probióticos são normalmente específicos da estirpe, o que significa que uma identificação correcta é importante para associar a estirpe ao efeito específico na saúde. Os testes bioquímicos desempenham um papel importante na identificação e diferenciação das estirpes testadas. A reprodutibilidade do teste bioquímico é de importância fundamental para que o teste seja uma etapa fiável num procedimento de identificação.

O objetivo deste estudo foi analisar as estirpes de lactobacilos intestinais quanto às suas propriedades vantajosas para selecionar as que poderiam ser utilizadas para o desenvolvimento de novos probióticos gastrointestinais. Nesta experiência, foram utilizados diferentes métodos de rastreio para o isolamento e a identificação de *Lactobacillus* spp. A identificação provisória dos lactobacilos baseou-se na capacidade do isolado para crescer no ágar MRS, na morfologia das células Gram-positivas em forma de bastonete e sem esporos e na reação negativa da catalase. Vinte e sete amostras diferentes de alimentos fermentados foram inicialmente colocadas em ágar MRS e incubadas a 32°C durante 24h-48h. As colónias com um brilho branco puro, convexas, pequenas (2-3 mm de diâmetro) e com margens pequenas foram transferidas para ágar MRS para obter uma cultura pura. Obteve-se um total de cinquenta e cinco isolados a partir de vinte e sete amostras. Os isolados seleccionados foram então submetidos à coloração de Gram para identificar as culturas que continham células gram-positivas em forma de bastonete. Identificou-se um número total de quarenta estirpes com morfologia de bastonete gram-positivo. Estas estirpes foram ainda submetidas à coloração de endosporos, uma vez que os lactobacilos não formam esporos, e vinte e seis estirpes deram resultados negativos na coloração de endosporos, ou seja, não formavam endosporos.

O teste da catalase foi realizado para estudar a presença da enzima catalase nas colónias de bactérias. O aparecimento de bolhas de gás indica a presença da enzima catalase (MacFaddin, 1980). No presente estudo, dos vinte e seis isolados, vinte e um foram considerados negativos para a catalase. O teste da oxidase foi efectuado para determinar a presença da enzima oxidase em isolados bacterianos (Steel, 1961). Todos os vinte e um isolados foram considerados negativos para a oxidase. A hidrólise da arginina foi realizada em caldo MRS sem glucose e extrato de carne, mas contendo 0,3% de arginina e 0,2% de citrato de sódio em substituição do citrato de amónio (Spano *et al.*, 2002). No estudo atual, dezasseis estirpes das vinte e uma foram capazes de hidrolisar a arginina. Spano *et al.*, (2002) referiram que *os Lactobacillus* variam na sua capacidade de degradar a arginina e que aqueles que conseguem obter energia do catabolismo da arginina podem ser mais competitivos no ambiente stressante do vinho (presença de ácido e álcool) do que as manchas incapazes de degradar a arginina (Liu e Pilone, 1995).

Para detetar o grupo de fermentação, foram avaliadas algumas propriedades fisiológicas utilizando glucose como açúcar de teste (Koll *et al.*, 2010). No presente estudo, dos vinte e um isolados, oito foram identificados como lactobacilos obrigatoriamente homofermentativos (OHOL); sete foram identificados como lactobacilos facultativamente heterofermentativos (FHEL); seis foram identificados como lactobacilos obrigatoriamente heterofermentativos (OHEL). Todos os vinte e um isolados foram incapazes de reduzir o nitrato. Todos os vinte e um isolados foram considerados MR-VP negativos e não foram capazes de hidrolisar o amido. Paul De Vos *et al.*, (2009) referiram que todos os lactobacilos são incapazes de reduzir o nitrato e de hidrolisar o amido.

Foi efectuado um teste de auto-agregação para determinar a capacidade de adesão dos isolados e a tolerância às condições ambientais gastrointestinais. No presente estudo, três estirpes não apresentaram capacidade de auto-agregação, nove estirpes apresentaram uma capacidade de auto-agregação intermédia e dez estirpes apresentaram uma forte capacidade de auto-agregação. Collado *et al.*, (2007) e Mercenier *et al.*, (2008) referiram que a capacidade de adesão e a tolerância ao ambiente gastrointestinal são consideradas como um pré-requisito para o rastreio dos lactobacilos intestinais relativamente às suas propriedades funcionais.

O efeito do pH baixo foi estudado para determinar a capacidade de vinte e um isolados sobreviverem a um pH baixo do estômago durante a sua passagem pelo trato gastrointestinal (Koll *et al.*, 2010). Neste estudo, a pH 2, o isolado NKC12S2 apresentou um bom crescimento após 48 horas de incubação. A pH 5, os isolados NKC5J2, NKC17(3B) e NKL1(2B) apresentaram um bom crescimento após 24 horas e mesmo após 48 horas de incubação. O NKC17(1B) não apresentou um bom crescimento após 24 horas de incubação, mas apresentou um bom crescimento após 48 horas. NKC17(3A) e NKC18(5C) apresentaram um bom crescimento após 24 horas de incubação, mas o crescimento diminuiu após 48 horas de incubação.

De acordo com a FAO/OMS (2006) e Mercenier *et al.* (2008), a tolerância às condições ambientais gastrointestinais é considerada um pré-requisito para o rastreio dos lactobacilos intestinais relativamente às suas propriedades funcionais. O efeito da bílis e da pancreatina foi examinado para determinar a capacidade de sobrevivência de oito isolados durante a sua passagem pelo trato gastrointestinal (Koll *et al.*, 2010). No presente estudo, oito estirpes foram testadas quanto à tolerância à bílis; quase todas as estirpes foram resistentes à bílis a uma concentração (2% p/v), as estirpes NKJ1K2(S) e NKD2V1 apresentaram um bom crescimento após 24 e 48 horas. Todas as estirpes testadas foram resistentes à pancreatina a uma concentração (0,5% p/v) e as estirpes NKC9O3, NKC17(3B), NKC6L2 e NKC18(5C) apresentaram um excelente crescimento após 48 horas de incubação.

RESUMO E CONCLUSÕES

No estudo atual, 46 isolados bacterianos e 9 isolados de leveduras foram obtidos a partir de 27 amostras de alimentos fermentados. Num estudo mais aprofundado, incluindo o crescimento em meio MRS, coloração de Gram, coloração de endosporos e perfil bioquímico (teste de catalase, teste de oxidase, produção de ácido a partir de hidratos de carbono, hidrólise de arginina, teste MR-VP, teste de redução de nitratos, teste de hidrólise de amido, teste de capacidade de auto-agregação, teste de tolerância a ácidos), foram tiradas as seguintes conclusões:

1. Dos quarenta e seis isolados bacterianos, quarenta isolados foram considerados gram positivos e seis isolados foram identificados como gram negativos.

2. Dos quarenta e seis isolados bacterianos, quarenta e um isolados eram bastonetes, três eram cocos e dois eram cocobacilos.

3. Das quarenta e seis, nove foram identificadas como leveduras.

4. A coloração de endosporos sugeriu a ausência de endosporos em vinte e seis isolados de quarenta bastonetes gram positivos.

5. Dos vinte e seis isolados bacterianos, vinte e um foram considerados negativos em termos de catalase e oxidase.

6. Oito isolados foram identificados como obrigatoriamente homofermentativos, sete foram identificados como facultativamente heterofermentativos e seis eram lactobacilos obrigatoriamente heterofermentativos.

7. Apenas dezasseis isolados bacterianos foram capazes de hidrolisar a arginina.

8. Todos os vinte e um isolados bacterianos foram considerados MR-VP, nitrato e hidrólise de amido negativos.

9. Verificou-se que três isolados não tinham capacidade de auto-agregação, nove isolados tinham uma capacidade de auto-agregação intermédia e nove isolados tinham uma forte capacidade de auto-agregação.

10. No teste de tolerância a ácidos, a pH 2, apenas um isolado registou um bom crescimento após 48 horas de incubação. A pH 5, apenas três isolados registaram um bom crescimento após 24 horas e mesmo após 48 horas de incubação. Um isolado não apresentou

crescimento após 24 horas de incubação, mas apresentou um bom crescimento após 48 horas. Dois isolados apresentaram um bom crescimento após 24 horas de incubação, mas o crescimento diminuiu após 48 horas de incubação.

11. No teste de tolerância à bílis, verificou-se que oito estirpes eram resistentes à bílis e que as estirpes NKJ1K2(S) e NKD2V1 apresentavam um bom crescimento após 24 e 48 horas.

12. No teste de tolerância à pancreatina, verificou-se que oito estirpes eram resistentes à pancreatina e as estirpes NKC9O3, NKC17(3B), NKC6L2 e NKC18(5C) apresentaram um crescimento excelente após 48 horas de incubação.

REFERÊNCIAS

Arvanitoyannis I S e Houwelingen-Koukaliaroglou M. 2005. Alimentos funcionais: A survey of health claims, pros and cons, and current legislation. *Critical Reviews in Food Science and Nutrition*. 45: 385-404.

Avall-Jaaskelainen S, Palva A. 2005. Camadas superficiais de Lactobacillus e suas aplicações. *FEMSMicrobiol. Rev.*29(3):511-29.

Bibel, DJ. 1988. Elie Metchnikoffs bacillus of long life. ASM News. 54: 661-665.

Bongaerts GPA, Tolboom JJM, Namber AHJ, Sperl WJK, Willem JL. 1997. *Microb. Pathog.* 22:285-289.

Bottazzi V, Vescovo M, Dellaglio F. 1973. Investigações microbiológicas sobre o queijo grana parmesão. Parte IX: Caracteres e distribuição dos biótipos de *L. helveticus* em cultura natural de soro de queijo. *Scienza e Lettiero-Casearia*. 24:2339.

Brandtzaeg P. 1998. Desenvolvimento e mecanismos básicos da imunidade intestinal humana. *Nutrition Reviews*. 56(1):S5-S18.

Burns AJ, Rowland IR. 2000. Anti- cecinogenicidade de probióticos e probióticos. *Curr. Issues. Intest. Microbial.* 1(1):13-24.

Cinque B, Torre CL, Melchiorre E, Marchesani G, Zoccali G, Palumbo P, Marzio LD, Masci A, Mosca L, Mastromarino P, Giuliani M e Cifone MG. 2011. Uso de probióticos para aplicações dérmicas. *Springer*. 10: 221-237.

Collado MC, Surono IS, Meriluoto J, Salminen S. 2007. Potenciais características probióticas de estirpes de Lactobacillus e Enterococcus isoladas de leite fermentado tradicional do Dadih contra a colonização intestinal de agentes patogénicos. *J. FoodProt.* 70(3):700-5.

De Smet I, Van HL, Vande WM *et al.* 1995. Significância das actividades hidrolíticas dos sais biliares dos lactobacilos. *Journal of Applied Bacteriology*. 79:292 301.

De Vrese M, Rautenberg P, Laue C, Koopmans M, Herremans T, Schrezenmeir J. 2005.Probiotic bacteria stimulate virus-specific neutralizing antibodies following a booster polio vaccination. *Eur J Nutr*. 44:406-413.

Ewaschuk JB.2006. O papel dos antibióticos e das terapias probióticas na gestão atual e futura da doença inflamatória intestinal. Curr. Gastroenterol. Rep. 8(6):486-498.

FAO/OMS. 2006. Probióticos nos alimentos. Propriedades nutricionais e de saúde e directrizes para a avaliação. Documento da FAO sobre alimentação e nutrição 85. FAO, Roma, Itália

Fiat AM, Miglilore-Samour D, Jolles P, Crouet L, Collier C, Caen J. 1993. Peptídeos biologicamente activos das proteínas do leite, com ênfase em dois exemplos relativos às actividades antitrombótica e imunomoduladora. J. *Dairy Sci.* 76:301-310.

ftp://ftp.fao.org/docrep/fao/009/a0512e/a0512e00.pdf

Fuller R. 1991. Probiotics in human medicine. *Gut.* 32: 439-442.

Galvez A, Abriouel H, Lopez RL, Ben ON. 2007. Estratégias baseadas em bacteriocinas para a conservação de alimentos. Int. J. Food Microbiol. 120(1-2):51-70.

Ganzle MG, Holtzel A, Walter J, Jung G, Hammes WP. 2000. Caracterização da reutericiclina produzida por Lactobacillus reuteri LTH2584. *Applied and Environmental Microbiology.* 66:4233 - 4333

Gavazzi C, Stacchiotti S, Cavalletti R e Lodi R. 2001. Lancet 357:1410.

Gibson GR e Roberfroid MB. 1995. Dietary modulation of the human colonic microbiota-Introducing the concept of probiotics. *Journal of Nutrition.* 125:1401-1412.

Gibson GR, Probert HM, Van Loo JAE, Rastall RA e Roberfroid MB. 2004. Dietary modulation of the human colonc microbiota. Atualização do conceito de probióticos. *Nutrition Research Reviews.* 17:259-275.

Gilor O, Etzion A, Riley MA. 2008. O duplo papel das bacteriocinas como anti e probióticos. *Appl. Microbial. Biotechnol.* 81($):591-606.

Hammes PH, Hertel C. 2009. Lactobacillaceae. Manual de Bacteriologia Sistemática de Bergey. Springer: Nova Iorque, 456-479 p. ISBN 978-0-387-95041-9.

Hammes WP, e Hertel C. 1998. Novos desenvolvimentos em culturas de arranque para carne. *Meat Science.* 49:S125-S138.

Hammes WP, Tichaczek PS. 1994. O potencial das bactérias do ácido lático para a produção de alimentos seguros e saudáveis. *Z Lebensm Unters Forsch.* 198:193201.

Holo H, Jeknic Z, Daeschel M, Stevanovic S, Nes I F. 2001. A Plantaricina W de

73

Lactobacillus plantarum pertence a uma nova família de lantibióticos de dois péptidos. *Microbiology*. 147:643-651.

Hutt P, Shchepetova J, Loivukene K K, Mikelsaar M. 2006. Antagonistic activity of probiotic lactobacilli and bifidobacteria against entero- and uropathogens. *J. appl. Microbiol*. 100: 1324-1332.

Ineze K. 1998. Enchidos fermentados secos. *Ciência da carne*. 49: S169-S177.

Isolauri E *et al*. 2001. Probióticos: efeitos sobre a imunidade. *Am J Clin Nutr*. 73:444S-450S.

Jiang T, Mustapham A, Savaiano DA. Melhoria da digestão da lactose em humanos através da ingestão de leite não fermentado contendo *Bifidobacterium longum*. *J Dairy Sci*. 79:750-757.

Ko~ll P, Mandar R, Smidt I, Hu" tt P, Truusalu K, MikelsaarRH, Shchepetova J,Krogh-Andersen K, Marcotte H, Hammarstro "m L, Mikelsaar M. 2010. Rastreio e avaliação de lactobacilos intestinais humanos para o desenvolvimento de novos probióticos gastrointestinais. *Curr Microbiol*. 61: 560-565.

Kodali VP, Sen R. Actividades antioxidantes e de eliminação de radicais livres de um exopolissacárido de uma bactéria probiótica. 2008. *Biotechnol. J*. 3(2):245- 51.

Koop-Hoolihan. 2001. Profilaxia e terapêutica dos probióticos: A review. *Journal of the Academy of nutrition and dietitics*. 101:229-241.

Krockel L, RITA POSER UND F. SCHWAGELE. 2003. Wachstum von Mikroorganismen in Schaleneiern wahrend der Lagerung - Einfluss des Alters und der genetischen Herkunft der Legehennen (Crescimento microbiano em ovos com casca: influência da idade e da raça das poedeiras). Relatório da BAFF. 69 -70.

Krockel L. 2006. Utilização de bactérias probióticas em produtos à base de carne. *Fleischwirtschaff*. 86:109-113.

Krutmann J.2009. Pré- e probióticos para a pele humana. *J. dermatol. Sci*. 54:1-5.

Leyer, G.J, Li, S., Mubasher M E, Reifer C, Ouwehand A.C. 2009. Probiotic effects on cold and influenza-like symptom incidence and duration in children. *Pediatrics*. 124:172-179. doi: 10.1542/peds.2008-2666

Lilly DM e Stillwell RH. 1965. Probióticos: Factores de promoção do crescimento produzidos por microorganismos. *Science*. 147:747-748.

Liu SQ, Pritchard GG, Hardman MJ e Pilone GJ. 1995 Ocorrência de enzimas da via da arginina deiminase no catabolismo da arginina em bactérias lácticas do vinho. *Applied and Environmental Microbiology*. 61:310-316.

Liu Z, Jiang Z, Zhou K, Liu G e Zhang B. 2007. Rastreio de bifidobactérias com tolerância adquirida ao trato gastrointestinal humano. *Anerobe*. 13:215-219.

Lye HS, Kuan CP, Ewe JA, Fing WY, Liong MT. 2009. A melhoria da hipertensão por probióticos: efeitos sobre o colesterol, a diabetes, a renina e os fitoestrogénios. Int. J. Mol. Sci.10(9):3755-75.

M De Vrese, Marteau PR. 2007. Probióticos e probióticos: Effects on diarrhea. Journal of Nutrition. 137:803S-811S.

MacFaddin. 1980. *Biochemical tests for identification of Medical bacteria*, pp:51-54. Williams and Wilkins, Baltimore, EUA.

Macfarlane GT, Cummings JH. 2002. Probiotics, infection and immunity (Probióticos, infeção e imunidade). *Curr. Opin. Infect. Dis.* 15(5):501-506.

Mercenier A, Pavan S e Pot B. 2003. Probióticos como agentes bioterapêuticos: Conhecimentos actuais e perspectivas futuras. *Atual Pharmaceutical Design*. 9: 175-191.

Michael JG Farthing, Kelly P. 2007. Diarreia infecciosa. *Revista de medicina*. 35: 251256.

Naidu AS, Bidlack WR, Clemens RA. 1999. Espectro probiótico das bactérias do ácido lático (LAB). *CRC Crit. Rev. Food Sci. Nutr.* 39: 13-126.

Ouwehand AC, Bianchi Salvadori B, Fonden R, Mogensen G, Salminen S e Sellars R. 2003. *Bull Int. Dairy Fed.* 380:4-19.

Park Y, Lee J, Kim Y e Shin D. 2002. Isolamento e caraterização de bactérias do ácido lático das fezes de recém-nascidos de Dongchimi. *J. Agric Food Chem*. 50:2531-2536.

Pascal LM, Daniele MB, Ruiz F, Giordano W, Pajaro C, Barberis L. 2008. Lactobacillus rhamnosus L60, um potencial probiótico isolado da vagina humana. *J Gen Appl Microbiol*. 54:141-148.

Peran L, Camuesco D, Comalada M, Nieto A, Concha A, Adrio JL, Olivares M, Xaus J,

Zarzuelo A, Galvez J. 2006. Lactobacillus fermentum, um probiótico capaz de libertar glutatião, previne a inflamação do cólon no modelo TNBS de colite de rato. *Int. J. Colorectal. Dis.* 21(8):737-46.

Perdigón G, Nader de Macias ME, Alvarez S, Oliver G, Pesce de Ruiz Holgado A. 1986. Effect of perorally administered lactobacilli on macrophage activation in mice. *Infect. Immun.* 53: 104-410.

Pitsouni E, Alexiou V, Saridakis V, Peppas G, Falagas ME.2009. O uso de probióticos/sinbióticos previne infecções pós-operatórias em pacientes submetidos a cirurgia abdominal? Uma meta-análise de ensaios aleatórios controlados. *Eur. J. Clin. Pharmacol.* 65:561-570 DOI 10.1007/s00228-009-0642-7

Rafter J, Bennett M, Cardeni G, Clune Y, Hughes R, Karlsson PC< Klinder A, O'Riordan M, O'Sullivan GC, Pool-ZobelB, Rechkemmer G, Roller M, Rowland I, Salvadori M, Thijs H, Van Loo J, Watzl B, Collins KK. 2007.

Os sinbióticos dietéticos reduzem os factores de risco de cancro em doentes polipectomizados e com cancro do cólon. *Am. J. Clin. Nutr.* 85(2):488-96.

Reid G, Tieszer C, Lam D. 1995. Influence of lactobacilli on the adhesion of *Staphylococcus aureus* and *Candida albicans* to fibres and epithelial cells. *J Ind Microbiol.* 15:248-253.

Ridlon JM, Kang DJ, Hylemon PB. 2006. Biotransformações de sais biliares por bactérias intestinais humanas. *The Journal of Lipid Research.* 47:241-259.

Rogosa M, Franklin JG, Perry KD. 1961. Correlação das necessidades vitamínicas com caracteres culturais e bioquímicos de Lactobacillus spp. *J. Gen. Microbiol.* 25: 473.

Rogosa M, Wiseman R F, Mitchell J A, Disraely M N, Beaman A J. 1953. Diferenciação de espécies de lactobacilos orais do homem, incluindo descrições de Lactobacillus salivarius nov. spec. e Lactobacillus cellobiosus nov. spec. *J. Bacteriol* . 65:681-699.

Ryan KJ, Ray CG (editores) 2004. Sherris Medical Microbiology (4ª ed.). McGraw Hill. pp. 362 8. ISBN 0-8385-8529-9.

Salminen S, Gibson GR, McCartney AL, Isolauri E. 2004. Influence of mode of delivery on gut microbiota composition in seven year old children. *Gut.* 53(9): 1388-9.

Salminen SJ, Von Wright AJ, Ouwehand AC, e Holzapfel WH. 2001. Safety assessment of probiotics and starters, pp. 239-251.

Sanders ME, Huis in't Veld J. 1999. Introduzir no mercado um alimento funcional contendo probióticos: Questões microbiológicas, de produto, regulamentares e de rotulagem. *Antonie van Leeuwenhoek.* 76: 293-315.

Sanders ME, Huis in't Veld J. 1999. Introduzir no mercado um alimento funcional contendo probióticos: Questões microbiológicas, de produto, regulamentares e de rotulagem. *Antonie van Leeuwenhoek.* 76: 293-315.

Schleifer KH, Kandler O. 1972. Tipos de peptidoglicanos das paredes celulares bacterianas e suas implicações taxonómicas. *Bacterial. Rev.* 36(4):407-77.

Schnürer J, Magnusson J. 2005. Bactérias antifúngicas do ácido lático como biopreservantes. *Trends in Food Science and Technology.* 16:70-78.

Shen Q, Zhang B, Xu R, Wang Y, Ding X, Li P. 2010. Atividade antioxidante in vitro da proteína contendo selénio da Bifodobacterium animalis 01, enriquecida com se. *Bifodobacterium animalis 01.* 16: 380-386.

Spano G, Beneduc L, Tarantino D. 2002. Caracterização preliminar dos lactobacilos do vinho capazes de degradar a arginina. *World Journal of Microbiology & Biotechnology.* 18: 821-825.

Aço KJ. 1961. A reação da oxidase como instrumento tóxico. *J Gen. Microbiol.* 25:297-306

Teitelbaum JE, Walker WA. 2002. Nutritional impact of pre- and probiotic as protective gastrointestinal organisms. *Ann Rev Nutr.* 22:107-138.

Teuber M, Meile L, Schwarz F.1999. Resistência adquirida a antibióticos em bactérias do ácido lático de alimentos. *Antonie Van Leeuwenhoek.* 76:115-137

Tynkkynen S, Singh KV e Varmanen P. 1998. *Int. J. Food Microbiol.* 41:195-204.

Tyopponen S, Petaja E e Mattila-Sandholm T. 2003. Bioprotectores e probióticos para enchidos secos. *International Journal ofFood Microbiology.* 83:233-244.

Underdahl H, Medina A e Doster A. 1982. Effect of *Streptococcus faecium* C-68 in control of *Escherichia coli* induced diarrhea in gnotobiotic pigs. *Am. J. Vet. Res.* 43: 2227-2232.

Valerio F, Lavermicocca P, Pascale M, Visconti A. 2004. Produção de ácido feniláctico por bactérias do ácido lático: uma abordagem para a seleção de estirpes que contribuem para a qualidade e conservação dos alimentos. *FEMS Microbiol. Lett.* 233:289-295

Voravuthikunchai SP, Limsuwan S. 2006. Extractos de plantas medicinais como agentes anti- Escherichia coli O157:h7 e os seus efeitos na agregação de células bacterianas. J. Food Prot. 69:2336-2341.

Vos PD, Garrity GM, Jones D, Kreig NR, Ludwig W, Rainey FA, Schleifer KH, Whitman WB. 2009. Manual de Sistemática de Bergey

Wells JM, Mercenier A. 2008. Entrega mucosa de moléculas terapêuticas e profilácticas utilizando bactérias do ácido lático. *Nat. Rev. Microbiol.* 6(5):349-62. Szajeswska H, Mrukowicz JZ. 2005. Utilização de probióticos em crianças com diarreia aguda. *Paediatr Drugs.* 7(2):111-22.

Willey JM, Sherwood LM, Woolver CJ. 2008. Normal microbiota of the human body. Microbiologia de Prescott, Harley e Klein. Sétima edição. Mc Graw Hill, 26 e 739p. ISBN: 978-007-126727-4.

Yeung PSM, Sanders ME, Kitts CL, Cano R e Tong PS. 2002. *J. Dairy Sci.* 85:1039-1051.

Printed by Books on Demand GmbH, Norderstedt / Germany